流体中低浓度异质物含量的超声检测原理与应用

朱昌平　韩庆邦　单鸣雷　黄　波　著

国家自然科学基金(11274092、11274091)
河海大学通信工程国家特色与卓越计划专业
河海大学江苏省输配电装备技术重点实验室
河海大学计算机类江苏省重点专业
资助

科学出版社
北京

内 容 简 介

本书主要从理论、实验和应用三个方面研究了流体中低浓度异质物含量的超声检测原理及相关应用。在前人研究的基础上，合理简化相关条件，推导出适合于实际工程应用情况的理论公式，进而通过三种实验证明公式对于空气中低浓度六氟化硫的含量、超声水处理中水中低浓度空化泡的含量、变压器油中低浓度水的含量的超声检测方法的可行性。全书共分 6 章，第 1 章介绍声学基础知识，第 2 章系统介绍超声在含异质物流体中的传播特性，第 3 章通过实验对理论进行验证研究，第 4~6 章分别介绍三个方面的应用研究成果，本书紧密结合工程实际开展理论研究，内容简明扼要，实用性强。

本书可供从事超声检测和超声污水处理研究的高校师生及科研院所的工程技术人员参考。

图书在版编目（CIP）数据

流体中低浓度异质物含量的超声检测原理与应用/朱昌平，韩庆邦，单鸣雷，黄波著. —北京：科学出版社，2014. 7

ISBN 978-7-03-041417-5

Ⅰ. ①流… Ⅱ. ①朱… ②韩… ③单… ④黄… Ⅲ. ①流体-超声检测 Ⅳ. ①TB553

中国版本图书馆 CIP 数据核字（2014）第 169700 号

责任编辑：惠 雪 曾佳佳／责任校对：郑金红
责任印制：肖 兴／封面设计：许 瑞

科 学 出 版 社 出版
北京东黄城根北街 16 号
邮政编码：100717
http://www.sciencep.com

北京凌奇印刷有限责任公司 印刷

科学出版社发行 各地新华书店经销

*

2014 年 7 月第 一 版 开本：B5（720 × 1000）
2014 年 7 月第一次印刷 印张：9 1/4
字数：190 000

POD定价： 59.00元
（如有印装质量问题，我社负责调换）

前　　言

与电磁波、光波等不同，超声波是一种弹性振动波，只要是具有弹性的材料，而不管材料的导电性、导磁性、透光性、导热性等性能如何，超声波都能传播进去。超声检测技术从 20 世纪 20 年代末至今，已发展出了针对固、液、气态各种物质、各种特征参数的多种检测方法。

早在 20 世纪 20 年代末，就有人想到利用超声来检查金属物件中的缺陷情况，这个方法就是超声探伤。30 年代初就有了以此为目的的专用仪器的设计方案。到第二次世界大战后，该方法已开始在工厂生产中实际应用了。本书第一作者自 1993~1994 年作为南京大学电子科学系访问学者开始，带领课题组及学术团队开始了通信电子电路与声学技术的研究工作。

课题组及团队先后承担国家自然科学基金面上课题 4 项，国家重点实验室、教育部重点实验室课题以及省、市科技攻关课题 10 余项。研究方向始终围绕关乎国计民生和社会经济发展的水环境保护、电力环保等领域展开。充分利用河海大学在水利水电、水环境保护等方面的学科优势，结合作者从事的电子电路以及声学技术研究领域，取得了一系列的成果。

本书是以第一作者攻读博士学位期间所取得的研究成果为主，同时整理和总结了河海大学声学与通信技术 (315) 团队 12 年所积累的部分研究成果。全书共分为三篇：理论部分、实验部分和应用部分。全书共分为 6 章：第 1 章介绍了声学基础；第 2 章推导了适合于实际工程应用的、流体中低浓度异质物含量的超声检测原理的公式和相关理论知识；第 3 章通过实验研究验证了相关理论；第 4~6 章分别从实际应用的角度介绍了六氟化硫气体泄漏的超声在线检测，基于窄脉冲法和超声时差法的换能器声强与声空化效应检测以及变压器油中含水量的超声检测的基本原理及应用。本书可供从事超声检测和超声污水处理研究的高校师生及科研院所的工程技术人员参考。

本书在理论推导和原理分析时结合课题研究，以实际工程应用为目的，因此，在前人研究的基础上，合理简化相关条件，推导出了适合于实际工程应用情况的理论公式，并将超声检测领域多年来的研究成果进行了简明扼要的介绍，有关更复杂的理论和技术讨论，有兴趣的读者可以参阅书后所列的参考文献或其他更专业的书籍。

本书得到了国家自然科学基金(11274092、11274091)、河海大学通信工程国家特色与卓越计划专业、河海大学江苏省输配电装备技术重点实验室、河海大学计算机类江苏省重点专业的资助，河海大学声学与通信技术 (315) 团队的全体教师鼎力相助，团队师生在资料收集、整理工作中给予了大力支持，在此一并表示感谢。

在本书编写过程中，参阅并引用了许多同仁宝贵的研究成果，多数列在参考文献中，有的可能因作者疏忽而遗漏了，在此本书作者向所有为本书编写提供参考文献的作者们表示衷心的感谢。

作者得到了南京大学声学所冯若教授，中国矿业大学于洪珍教授、张申教授的悉心指导，科学出版社的编辑对本书的出版给予了许多具体的帮助，作者谨对他们表示由衷的谢意。

本书的内容涉及声学、电学、化学、计算机、机械、环境等多个领域和学科，且发展迅速，由于时间、篇幅及知识面有限，难免有错误、疏漏和欠妥之处，敬请广大专家和读者批评指正。

作　者

2014 年 3 月于河海大学

目　录

第一篇　理论部分

第二篇　实 验 部 分

第三篇　应 用 部 分

第一篇

理 论 部 分

第 1 章　声学基础知识

1.1　引　　言

声波是物体的振动状态在介质中传播的一种物理现象。当振动经空气介质传入人耳，使人耳的鼓膜振动时，便有声音的感觉。声波的产生必须具有两个条件：一是声源，二是弹性介质。当声源发生振动后，周围的介质质点就随之振动而产生位移，导致介质空间产生介质的疏密，就形成了声波传播。传播振动的介质可以是空气，也可以是液体或固体。发声体的振动状态激发起周围介质的扰动，该扰动由远及近，形成声波在介质中的传播，因此，必须借助介质本身的弹性和惯性，振动状态才能得到传播。

1.2　声波的分类

声波按其频率的高低、波阵面的几何形状以及质点的振动情况有不同的分类。

1.2.1　按频率分

可听声 —— 可听声是频率在人耳听觉高低极限间的声波，一般在 20 ~20 000Hz。

次声 —— 次声是频率低于人耳听觉低限的声波，一般在 20Hz 以下。

超声 —— 超声是频率超过人耳听觉高限的声波，一般在 20 000Hz 以上。

现代声学研究的范围已经扩展到 10^{-4} ~10^{14}Hz。

1.2.2　按波阵面的几何形状分

平面声波 —— 平面声波是波阵面为平行平面的声波。

球面声波 —— 球面声波是波阵面为同心球面的声波。

柱面声波 —— 柱面声波是波阵面为同轴柱面的声波。

1.2.3　按质点振动情况分

纵波 (也称压缩波)—— 纵波是介质中质点振动方向与波的传播方向一致的波。如空气中的声波和海水中的声波。

横波 —— 横波是介质中质点沿 y 轴方向位移，以波的形式沿 x 轴方向传播的波。如弦绳的振动波。

1.3　声波的基本物理量

在连续介质中，通常定义一些连续函数来描述声振动，它们分别是声压、位移和振速及密度和压缩量。

1.3.1　声压

若介质未受外力扰动时的静压强为 P_0，它等于平衡状态下垂直于任意截面的压强。在受到扰动时，若压强改变为 P，声压 p 定义为介质压强的变化量，即

$$p = P - P_0 \tag{1-1}$$

式中，p 为声扰动引起的逾量压强。不同时刻、不同位置的压强 P 不同，因而，声压 p 也是坐标和时间的函数，$p = p(x, y, z, t)$。

存在声波的空间称为声场。声场中某瞬时的声压称为瞬时声压，一定时间间隔内的最大瞬时声压称为峰值声压，当声压随时间按简谐规律变化时，峰值声压即为声压的振幅。瞬时声压在一定时间间隔内的均方

根值称为有效声压

$$p_t = \sqrt{\frac{1}{T}\int_0^T P^2 \mathrm{d}t} \tag{1-2}$$

式中，T 为所取的时间间隔，对于周期振动，它可以是一个周期或者比周期大得多的时间间隔。按简谐规律振动的声波，由上式可得有效声压 p_t 和声压振幅 p_c 的关系，$p_t = p_c/\sqrt{2}$。一般电子仪表测得的就是有效声压，因而，习惯上声压就是指有效声压。声压是逾量压强，可正可负，介质压缩时，$p > 0$; 介质稀疏时，$p < 0$。

有效声压的大小代表声波的强弱。在 CGS 单位制中，声压单位是 $\mathrm{dyn/cm^2}$, 称微巴 (μbar)；在 MKSA 单位制中，声压单位是 $\mathrm{N/m^2}$, 称帕 (Pa)；1μbar = 0.1Pa。微风吹动树叶声，声压约为 0.001μbar; 房间内大声讲话约为 1μbar；在距离船舶 100m 处收到的船舶航行噪声声压为 10～100μbar。

1.3.2 位移和振速

在声波作用下，介质质点围绕其平衡位置往返振动。质点位移是指介质质点离开其平衡位置的距离，沿坐标轴正向的位移为正；沿坐标轴负向的位移为负，因而，质点位移随坐标和时间改变。同样，质点振速也有正有负，也随坐标和时间改变。位移和振速分别用 $\boldsymbol{\xi}$ 和 $\boldsymbol{u}$ 来表示，且 $\boldsymbol{u} = \mathrm{d}\boldsymbol{\xi}/\mathrm{d}t$。

在没有声扰动时，若介质静态流速 U_0 不等于零，在声波作用下流速为 U，则介质质点振速 $\boldsymbol{u} = U - U_0$。位移的单位是 m 或 cm，振速的单位是 m/s 或 cm/s。

1.3.3 密度和压缩量

若 ρ_0 代表没有扰动时的静态介质密度，ρ 代表有声扰动时的介质密度，其改变量 $\rho' = \rho - \rho_0$，声学中也常用密度改变量 ρ' 来描述运动状态。介质密度的相对变化量 s 称为压缩，即 $s = (\rho - \rho_0)/\rho_0 = \rho'/\rho_0, \rho'$ 和 s 都是坐标和时间的函数。

在描述声场时，通常采用的是各物理量的空间分布函数，即 $p, \boldsymbol{u}, \rho'$ 等是空间坐标点的函数，并不是其介质质点的函数，当质点流经其空间点时，就取该空间点的函数值。

1.4　理想流体中的三个基本方程

为了定量研究声波在介质中的传播规律，必须首先了解描述介质运动状态的物理量，即压强、振速和密度之间的关系，由此推导出声波波动方程。由波动方程及边界条件就可得到声场 [1]。

考虑理想介质流体情况，波在介质中传播时没有黏滞损耗。认为小振幅情况下，声压远小于静态声压，即 $p \ll P_0$；质点位移远小于波长，即 $|\boldsymbol{\xi}| \ll \lambda$；质点的振速远小于波传播速度，即 $|\boldsymbol{u}| \ll c$，且介质处于宏观静止状态。流体中各个点的压强 $p(x, y, z, t)$ 及振速 $\boldsymbol{u}(x, y, z, t)$ 为位置及时间的函数。从基本的物理概念出发可建立如下三个方程。

1.4.1　运动方程 (牛顿第二定律应用)

由牛顿第二定律，

$$\boldsymbol{F} = m\frac{\mathrm{d}\boldsymbol{u}}{\mathrm{d}t} \tag{1-3}$$

取声场中一小体积元，空间尺寸为 Δx，Δy，Δz，如图 1-1 所示。设流体静态密度为 ρ_0，先看 x 方向上受力情况。很明显前后两面间的合力为

$$\boldsymbol{F}_1 - \boldsymbol{F}_2 = -\Delta p \cdot S = -\frac{\partial p}{\partial x}\Delta x \Delta y \Delta z \tag{1-4}$$

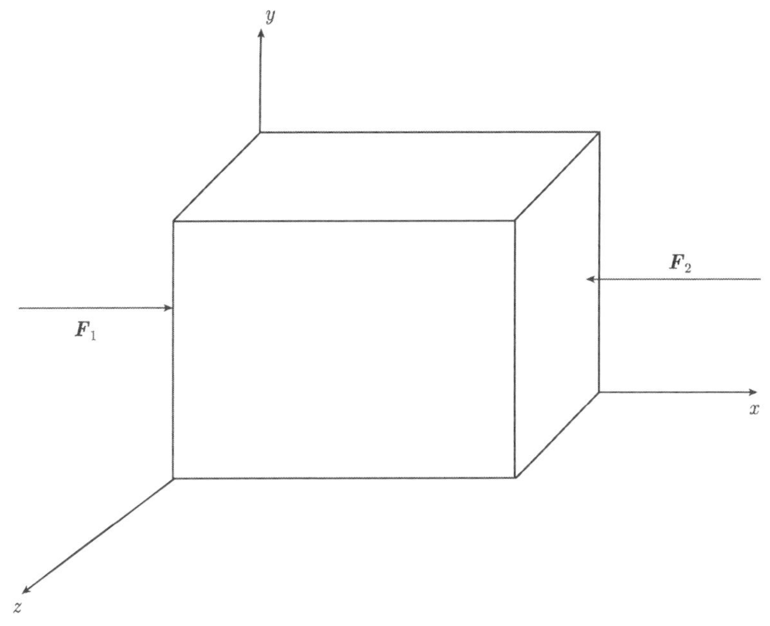

图 1-1 声场中的体积元

该体积元的质量元为 $\rho\Delta x\Delta y\Delta z$，在 x 方向产生加速度满足牛顿第二定律得

$$-\Delta p \cdot S = \rho S\Delta x\frac{\partial u_x}{\partial t} \tag{1-5}$$

考虑到 $\Delta x \to 0$ 及 $\rho \approx \rho_0$ 则

$$-\frac{\partial p}{\partial x} = \rho_0\frac{\partial u_x}{\partial t} \tag{1-6}$$

同理可以得到关于 y，z 方向的方程，对三维体则可表示为梯度关系

$$\nabla p = -\rho_0\frac{\partial \boldsymbol{u}}{\partial t} \tag{1-7}$$

该式给出了 p 和 $\boldsymbol{u}$ 之间的关系。

1.4.2 连续性方程 (质量守恒定律应用)

连续性方程的实质是质量守恒定律在流体介质运动中的应用，当介质流入或流出时必导致该流体内介质密度的变化。

仍考虑图 1-1。单位时间内从左侧面流入的质量为 $\rho u_x \Delta y \Delta z$，从右侧面流出的为

$$\left[\rho u_x + \frac{\partial(\rho u_x)}{\partial x}\Delta x\right]\Delta y \Delta z \tag{1-8}$$

则单位时间内沿 x, y, z 方向的质量变化为

$$\begin{cases} m_x = -\dfrac{\partial(\rho u_x)}{\partial x}\Delta x \Delta y \Delta z \\ m_y = -\dfrac{\partial(\rho u_y)}{\partial y}\Delta x \Delta y \Delta z \\ m_z = -\dfrac{\partial(\rho u_z)}{\partial z}\Delta x \Delta y \Delta z \end{cases} \tag{1-9}$$

由质量守恒定律得连续性方程

$$\frac{\partial \rho}{\partial t} = -\left[\frac{\partial(\rho u_x)}{\partial x} + \frac{\partial(\rho u_x)}{\partial y} + \frac{\partial(\rho u_y)}{\partial y}\right]\Delta x \Delta y \Delta z \tag{1-10}$$

可以写成散度的表述式

$$\frac{\partial \rho}{\partial t} = -\rho_0 \nabla \cdot \boldsymbol{u} \tag{1-11}$$

该式给出了 ρ 和 $\boldsymbol{u}$ 之间的关系。

1.4.3　物态方程 (热力学定律应用)

当声波在介质中传播时，引起介质压缩、膨胀交替变化。对理想介质而言，介质粒子的振动只引起密度的变化而不引起温度的变化，因此，声波传播的过程可以看成热力学的绝热过程。

对理想气体，其绝热方程为

$$\frac{P}{P_0} = \left(\frac{V}{V_0}\right)^{\gamma} \tag{1-12}$$

式中，$\gamma = \dfrac{c_V}{c_p}$；$c_V$、$c_p$ 分别为比定容热容、比定压热容。

介质压缩时，密度与体积成反比，所以

$$\frac{P}{P_0} = \left(\frac{V}{V_0}\right)^{\gamma} = \left(\frac{\rho}{\rho_0}\right)^{\gamma}$$

或

$$\frac{p+P_0}{P_0}=\left(\frac{V}{V_0}\right)^{\gamma}=\left(\frac{\rho}{\rho_0}\right)^{\gamma} \tag{1-13}$$

上式对时间进行微分，并考虑到小振幅时 $\rho\approx\rho_0$ 可得

$$\frac{\partial p}{\partial t}=\frac{\gamma P_0}{\rho}\frac{\partial \rho}{\partial t} \tag{1-14}$$

令 $c^2=\dfrac{\gamma P_0}{\rho}$($c$ 为气体中的声速) 得

$$\frac{\partial p}{\partial t}=\frac{1}{c^2}\frac{\partial \rho}{\partial t} \tag{1-15}$$

对液体而言，同样可以得到与上面类似形式的方程。定压压缩系数为单位压强所产生的体积变化，即

$$\beta=-\frac{\dfrac{\mathrm{d}V}{V}}{\mathrm{d}P} \tag{1-16}$$

在绝热的情况下有

$$p=P-P_0=\left(\frac{\partial p}{\partial \rho}\right)\bigg|_{\substack{\rho=\rho_0\\ P=P_0}}(\rho-\rho_0) \tag{1-17}$$

令 $c^2=\left(\dfrac{\partial p}{\partial \rho}\right)\bigg|_{\substack{\rho=\rho_0\\ P=P_0}}$ (c 为液体中的声速) 同样可得

$$\frac{\partial p}{\partial t}=\frac{1}{c^2}\frac{\partial \rho}{\partial t} \tag{1-18}$$

该式给出了 p 和 ρ 之间的关系。

1.5 本 章 小 结

流体中低浓度异质物含量的超声检测涉及声学、电学、声化学等多学科知识，本章简要介绍了声学的基本概念和基本理论基础，为后面的

原理及应用构建知识基础。如要详尽学习本书所涉及的学科知识，请参考相关文献。

参 考 文 献

[1] 马大猷, 沈壕. 声学手册 [M]. 修订版. 北京：科学出版社，2004.

第 2 章　超声在含异质物流体中的传播特性

2.1　引　　言

超声学是声学发展中最为活跃的一部分。超声波作为一种信息的载体，它已在海洋勘探与开发、无损评价与检测、医学诊断及微电子学等领域发挥着不可取代的独特作用，拥有广阔的前景。声波传播速度或声时是一个最常用的超声波信息载体，在很多场合得到应用。本书关于含微量异质物流体的超声检测的研究也基于这一原理，首先对流体及固体的声波传播特性进行研究，进而得出适合工程应用的简化公式，为后面的具体实际应用奠定理论基础。

2.2　声波在理想流体中的传播特性

声波是机械波，其传播的媒质都是具有弹性的媒质。声波的传播是遵循物理学的几大基本定律的：运动学中的牛顿第二定律、质量守恒定律以及热力学相关定律[1]。通过结合弹性媒质的运动分析，由这些基本定律对运动方程进行了推导，并得出了：①声压 p 与运动质点速度 $\boldsymbol{u}$ 之间的关系；②质点速度 $\boldsymbol{u}$ 与密度变化量 ρ' 之间的关系；③声压 p 与密度变化量 ρ' 之间的关系。

为了便于对问题的数理分析，在能阐述声波的基本传播规律以及特征的前提下，我们对媒质及声波的传播情况作一些假设：

(1) 传播介质是理想的流体，即在介质中忽略黏滞性的影响，传播过程中没有能量的损耗。

(2) 宏观上，静态媒质是均匀、静止不动的，设媒质中静态时的压强为 P_0，静态密度为 ρ_0，均为常数。在声波传播时，媒质中空间任意点的压强变为 P，由此而产生的"压强变化量"$p = P - P_0$，由于是声波引起的变化，所以我们称之为声压。

(3) 在传播过程中，忽略介质温度的微量变化，即介质中的各种声过程是不发生热交换的。

(4) 便于实验分析，采用的均是小振幅声波，相关的物理量相对甚小：质点的振动位移 $\boldsymbol{\xi}$ 远小于声波波长 λ；质点的最大振动速度 $\boldsymbol{u}$ 远小于声速 c_0；前文定义的最大声压 p 远小于静态时的压强 P_0；介质密度的最大增量 ρ' 远小于静态时的介质密度 ρ_0。

根据以上的假设条件，并结合前文提到的几大定律得出以下几大基本定律的具体关系：

(1) 根据运动牛顿第二定律，描述声压 p 与质点速度 $\boldsymbol{u}$ 之间的关系：

$$\rho\frac{\mathrm{d}\boldsymbol{u}}{\mathrm{d}t} = -\left(\frac{\partial p}{\partial x}\boldsymbol{x} + \frac{\partial p}{\partial y}\boldsymbol{y} + \frac{\partial p}{\partial z}\boldsymbol{z}\right) \tag{2-1}$$

(2) 根据质量守恒定律，描述质点速度 $\boldsymbol{u}$ 与密度 ρ 之间的关系：

$$-\left(\frac{\partial(\rho\boldsymbol{u})}{\partial x} + \frac{\partial(\rho\boldsymbol{u})}{\partial y} + \frac{\partial(\rho\boldsymbol{u})}{\partial z}\right) = \frac{\partial\rho}{\partial t} \tag{2-2}$$

(3) 根据热力学定律，着重考察了声压 p 与密度变化量 ρ' 之间的关系。

如前文假设条件所述，在静态时，媒质中某一体积元 $\mathrm{d}V$ 的静态压强为 P_0，静态密度为 ρ_0。当声波在介质中传播时，这些物理量将会发生变化。由于声波过程中的体积压缩和膨胀过程较之于热传导要快得多，并且假设中已经声明整个声波传播过程的绝热性，所以，我们可以将声压 p 看做仅仅是关于 ρ 的函数，即 $p = p(\rho)$，从而可以得出以下关系：

$$\mathrm{d}p = \left(\frac{\mathrm{d}p}{\mathrm{d}\rho}\right)_{\mathrm{s}}\mathrm{d}\rho \tag{2-3}$$

式中, 下标 “s” 表示绝热条件下。

由于压强的变化与密度的变化是同时增大或减小的，所以，当流体介质被压缩的情况下，压强和密度的变化方向是正向的，即 $\mathrm{d}p>0$，$\mathrm{d}\rho>0$；当流体介质膨胀时，其变化方向是反向的，即 $\mathrm{d}p<0$，$\mathrm{d}\rho<0$。从而可知，$\left(\dfrac{\mathrm{d}p}{\mathrm{d}\rho}\right)_{\mathrm{s}}$ 大于等于零，并以 c^2 表示，即

$$\mathrm{d}p=c^2\mathrm{d}\rho \tag{2-4}$$

上式就是声波在理想流体媒质中传播时，某一体积元 $\mathrm{d}V$ 受到的压强 p 的变化量 $\mathrm{d}p$ 与密度 ρ 的变化量 $\mathrm{d}\rho$ 之间的关系。

一般来讲，$c^2=\left(\dfrac{\mathrm{d}p}{\mathrm{d}\rho}\right)_{\mathrm{s}}$ 并不是常量，但是基于前文的理想假设 (4)，将 $\left(\dfrac{\mathrm{d}p}{\mathrm{d}\rho}\right)_{\mathrm{s}}$ 在静态点 (p_0,ρ_0) 泰勒 (Taylor) 展开得

$$\left(\frac{\mathrm{d}p}{\mathrm{d}\rho}\right)_{\mathrm{s}}=\left(\frac{\mathrm{d}p}{\mathrm{d}\rho}\right)_{\mathrm{s},0}+\left(\frac{\mathrm{d}^2p}{\mathrm{d}\rho^2}\right)_{\mathrm{s},0}(\rho-\rho_0)+\cdots \tag{2-5}$$

式中, 下标 “0” 表示静态环境下。由假设可知，$\rho-\rho_0$ 甚小，从而可以忽略带有此项甚至更高阶的后续项，得 $\left(\dfrac{\mathrm{d}p}{\mathrm{d}\rho}\right)_{\mathrm{s}}\approx\left(\dfrac{\mathrm{d}p}{\mathrm{d}\rho}\right)_{\mathrm{s},0}$，并记为 c_0^2，即

$$c_0^2=\left(\frac{\mathrm{d}p}{\mathrm{d}\rho}\right)_{\mathrm{s},0} \tag{2-6}$$

由此可见，在振幅小的声波传播的情况下，c_0^2 可以看做是不变的。

在绝热的条件下，对一定质量的理想气体，有下述特性:

$$\frac{p}{\rho^\gamma}=\text{const (常数)} \tag{2-7}$$

式中, γ 为气体的比定压热容 c_p 与比定容热容 c_V 之比，即 $\gamma=c_p/c_V$。根据式 (2-7) 可以求得

$$c^2=\frac{\gamma}{\rho}p \tag{2-8}$$

取平衡态时的数值可得

$$c_0^2 \approx \left(\frac{\mathrm{d}p}{\mathrm{d}\rho}\right)_{\mathrm{s},0} = \frac{\gamma}{\rho_0} p_0 \tag{2-9}$$

在一般的流体中，其压强变化与密度变化之间有着很复杂的关联，是不能用式 (2-8) 阐述清楚的。但可通过流体介质的体积压缩系数来得出 c，由前面的定义：

$$c_0^2 = \left(\frac{\mathrm{d}p}{\mathrm{d}\rho}\right)_{\mathrm{s}} = \frac{\mathrm{d}p}{\left(\frac{\mathrm{d}\rho}{\rho}\right)_{\mathrm{s}} \rho} \tag{2-10}$$

考虑到媒质质量一定，则有 $\rho\mathrm{d}V + V\mathrm{d}\rho = 0$，即

$$\left(\frac{\mathrm{d}\rho}{\rho}\right)_{\mathrm{s}} = -\left(\frac{\mathrm{d}V}{V}\right)_{\mathrm{s}} \tag{2-11}$$

代入式 (2-10)，则得到

$$c^2 = \frac{\mathrm{d}p}{\left(\frac{\mathrm{d}\rho}{\rho}\right)_{\mathrm{s}} \rho} = \frac{\mathrm{d}p}{-\left(\frac{\mathrm{d}V}{V}\right)_{\mathrm{s}} \rho} = \frac{1}{\beta_{\mathrm{s}} \rho} = \frac{K_{\mathrm{s}}}{\rho} \tag{2-12}$$

式中，$\frac{\mathrm{d}V}{V}$ 为相对体积增量；$\beta_{\mathrm{s}} = \frac{\frac{\mathrm{d}V}{V}}{\mathrm{d}p}$ 是绝热环境条件下的体积压缩系数 (在绝热环境条件下，单位压强变化引起的体积相对变化量。显而易见，压强变化方向与体积的变化方向是相反的)；$K_{\mathrm{s}} = \frac{1}{\beta_{\mathrm{s}}} = -\frac{\mathrm{d}p}{\frac{\mathrm{d}V}{V}}$ 是绝热环境条件下的体积弹性系数。由式 (2-12) 可以看出，对于一般情况下的流体介质，c^2 也应该是 ρ 的函数。取平衡态时的数值得到

$$c_0^2 \approx \frac{1}{\beta_{\mathrm{s}} \rho} = \frac{1}{\beta_{\mathrm{s}} \rho_0} \tag{2-13}$$

经过略去二级以上微量的线性化以后，媒质的物态方程可以简化为

$$p = c_0^2 \rho' \tag{2-14}$$

同理，运动方程 (2-1) 和连续性方程 (2-2) 可以简化为

$$\rho_0\frac{\mathrm{d}\boldsymbol{u}}{\mathrm{d}t}=-\left(\frac{\partial p}{\partial x}\boldsymbol{x}+\frac{\partial p}{\partial y}\boldsymbol{y}+\frac{\partial p}{\partial z}\boldsymbol{z}\right) \tag{2-15}$$

$$-\left(\frac{\partial(\rho_0\boldsymbol{u})}{\partial x}+\frac{\partial(\rho_0\boldsymbol{u})}{\partial y}+\frac{\partial(\rho_0\boldsymbol{u})}{\partial z}\right)=\frac{\partial\rho}{\partial t} \tag{2-16}$$

由式 (2-14) 、式 (2-15) 和式 (2-16) 三个方程中，消去 p、ρ'、$\boldsymbol{u}$ 中的任意两个，就可以得到三维波动方程。比如消去 ρ'、$\boldsymbol{u}$ 可得

$$\nabla^2 p=\frac{1}{c_0^2}\frac{\partial^2 p}{\partial t^2} \tag{2-17}$$

在推导过程中，使用了下面的数学关系：

$$\mathrm{div}(\mathrm{grad}\ p)=\nabla\cdot(\nabla p)=\nabla^2 p \tag{2-18}$$

式中，∇^2 称为拉普拉斯算符，它在不同的坐标系中有不同的形式，在直角坐标系中

$$\nabla^2=\frac{\partial^2}{\partial x^2}+\frac{\partial^2}{\partial y^2}+\frac{\partial^2}{\partial z^2} \tag{2-19}$$

在无限的均匀流体媒质中，任意方向传播的平面波，均可用直角坐标系的波动方程解出。

不失一般性，设平面波仅沿 x 方向传播且为单频简谐波时，波动方程 (2-17) 应有以下形式的解：

$$p=p(x)\mathrm{e}^{\mathrm{j}\omega t} \tag{2-20}$$

代入方程 (2-17) 可得到关于声压空间部分 $p(x)$ 的常微分方程

$$\frac{\partial^2 p(x)}{\partial x^2}+k^2 p(x)=0 \tag{2-21}$$

式中，$k=\omega/c_0$ 为角频率。

运用特征解法，得到解的具体形式为

$$p(t,x)=p_m\mathrm{e}^{\mathrm{i}(\omega t-kx)} \tag{2-22}$$

设在某一时刻 $t=t_0$，位于 $x=x_0$ 处的波为

$$p(t_0,x_0)=p_m\mathrm{e}^{\mathrm{i}(\omega t_0-kx_0)} \tag{2-23}$$

经过 Δt 时间后，到达 $x_0+\Delta x$ 处的波为

$$p(t_0+\Delta t,x_0+\Delta x)=p_m\mathrm{e}^{\mathrm{i}[\omega(t_0+\Delta t)-k(x_0+\Delta x)]} \tag{2-24}$$

由于位于 $x_0+\Delta x$ 处的波就是位于 x_0 处的波经时间 Δt 传递而来，故有

$$p(t_0,x_0)=p(t_0+\Delta t,x_0+\Delta x) \tag{2-25}$$

由此可推出 $\mathrm{e}^{\mathrm{i}(\omega\Delta t-k\Delta x)}=1$。

这就可以得到

$$c_0=\frac{\omega}{k}=\frac{\Delta x}{\Delta t}=f\lambda \tag{2-26}$$

由上式可知，c_0 表示单位时间内波阵面传播的距离，也就是声波的传播速度，即声速。所以，前面讨论的式 (2-8) 和式 (2-12) 分别是流体中的声速公式。由此可见，理想流体声速是由媒质的密度、绝热体积压缩系数等综合确定的，体现了媒质的特性。

2.3　弹性各向同性固体中的声波方程及特性

对于各向同性弹性固体，关于位移 $\boldsymbol{\xi}$ 的弹性波动方程 (无体积力) 为[2]

$$(\lambda+2\mu)\nabla(\nabla\cdot\boldsymbol{\xi})+\mu\nabla^2\boldsymbol{\xi}=\rho\ddot{\boldsymbol{\xi}} \tag{2-27}$$

式中，λ,μ 为材料的拉梅 (Lame) 系数。引入标量势 ϕ 及矢量势 $\boldsymbol{\psi}$，位移可表示为

$$\boldsymbol{\xi}=\nabla\phi+\nabla\times\boldsymbol{\psi}\ 且\ \nabla\cdot\boldsymbol{\psi}=0 \tag{2-28}$$

将式 (2-28) 代入式 (2-27) 可得到关于标量势 ϕ 及矢量势 $\boldsymbol{\psi}$ 满足的方程为

$$(\lambda + 2\mu)\nabla^2\phi = \rho\ddot{\phi} \tag{2-29}$$

$$\mu\nabla^2\boldsymbol{\psi} = \rho\ddot{\boldsymbol{\psi}} \tag{2-30}$$

得到弹性固体体积膨胀波速及切变波速分别为

$$C_L = \sqrt{\frac{\lambda + 2\mu}{\rho}} \tag{2-31}$$

$$C_T = \sqrt{\frac{\mu}{\rho}} \tag{2-32}$$

2.4　黏滞流体中的声波方程及特性

根据流体力学的纳维–斯托克斯 (Navier-Stokes) 方程及连续性方程 [3]：

$$\rho_0\frac{\partial \boldsymbol{u}}{\partial t} + \eta\nabla\times\nabla\times\boldsymbol{u} - \frac{4}{3}\eta\nabla(\nabla\cdot\boldsymbol{u}) = -\nabla p \tag{2-33}$$

$$\frac{\partial p}{\partial t} + \rho_0\nabla\cdot\boldsymbol{u} = 0 \tag{2-34}$$

式中，$\boldsymbol{u}$ 为流速；η 为黏滞系数；ρ 为密度（ρ_0 为不受流体压力时的密度）；p 为声压。

$$\boldsymbol{u} = \nabla\phi + \nabla\times\boldsymbol{\psi} \tag{2-35}$$

式中, ϕ 为标量势；而 $\boldsymbol{\psi}$ 为矢量势，且满足 $\nabla\cdot\boldsymbol{\psi} = 0$，将式 (2-35) 代入式 (2-33) 可得出流体中纵波及横波的波动方程：

$$\nabla^2\phi + K^2\phi = 0 \tag{2-36}$$

$$\nabla^2\boldsymbol{\psi} + \overline{K}^2\boldsymbol{\psi} = 0 \tag{2-37}$$

而 K 和 $\overline{K}$ 各代表纵波和横波的传播常数 (波矢)，关系式如下：

$$K \approx \frac{\omega}{c_L}\left(1+\frac{2}{3}\mathrm{i}\omega\frac{\eta}{\rho c_L^2}\right) \tag{2-38}$$

$$\overline{K} \approx \left(\frac{\rho\omega}{2\eta}\right)^{1/2}(1+\mathrm{i}) \tag{2-39}$$

式中，ω 为声波角频率；c_L 为纵波速度。可以看出波矢是复数，表示具有衰减的特性。

2.5　悬浮液声波形式的一般表示

由于散射及衰减效应，悬浮液中声波传播的解最终形式可以表示为

$$\phi = A\mathrm{e}^{\mathrm{j}(Kx-\omega t)} \tag{2-40}$$

式中，A 为波初始幅度；K 为传播波矢；ω 为角频率；x 表示传播方向。

由于有散射衰减等作用，波矢为复数，即

$$K = \beta + \mathrm{j}\alpha \tag{2-41}$$

由此可得

$$\phi = A\mathrm{e}^{\mathrm{j}(Kx-\omega t)} = A\mathrm{e}^{-\alpha x}\mathrm{e}^{\mathrm{j}(\beta x-\omega t)} \tag{2-42}$$

式中，α 为衰减系数；β 为实波矢，则声波传播速度为

$$C = \frac{\omega}{\beta} \tag{2-43}$$

2.6　含异质物流体中的声波波速

含异质物流体，统称悬浮液。本书的核心问题是对悬浮液中的悬浮物质的含量进行检查，基础原理是：由于悬浮物质含量不同，悬浮液的

声波速度也不同，同等距离下传播的时间也不同，因此，建立声波波速(或声时) 和悬浮液浓度的关系是相关问题研究的首要理论基础。

实际上，声波在悬浮液中的传播是非常复杂的，可能涉及衰减、散射、热效应等物理问题。关于声速及衰减，国内外许多学者对其进行了理论数值上的模拟，如 Urick 模型、U-A 模型、H&T 模型、A-H 模型、McClements 模型等 [4,5]。由于其机理及过程的复杂性，还没有一个理论及模型能包罗万象，各个理论模型都有其自身的特点及适用范围，我们可以根据具体的情形选择相应的理论模型对声速、衰减进行理论预测，进而进行化简以便于工程上的应用。

2.6.1 理想稀疏悬浮液声波传播声速特性分析

理想稀疏是指悬浮液浓度很低，忽略悬浮粒子间的相互作用，仅将液体中异质物看成弹性小球，忽略摩擦热效应，纵波入射后仅发生散射。如图 2-1 所示，图中 $\boldsymbol{e}_r$、$\boldsymbol{e}_\phi$、$\boldsymbol{e}_\theta$ 为球坐标下的三个单位向量。

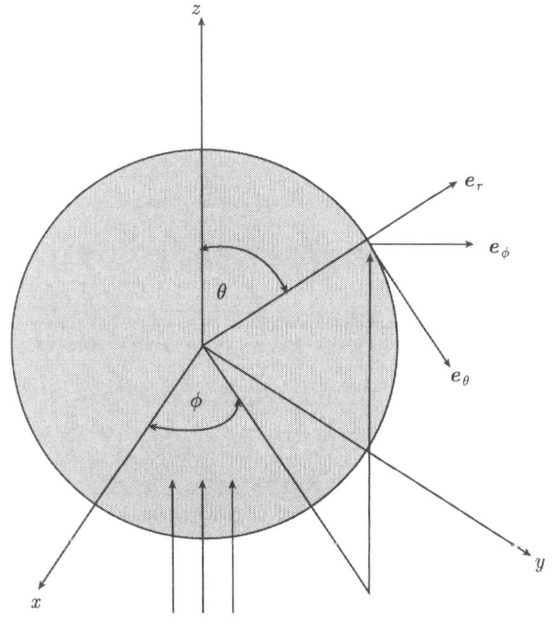

图 2-1 弹性球坐标系

由对称性原理有 $\boldsymbol{\xi}=\xi_r\boldsymbol{e}_r+\xi_\theta\boldsymbol{e}_\theta$，用位函数表示可写出

$$\boldsymbol{\xi}=\nabla\phi+\nabla\times\frac{\partial\boldsymbol{\psi}}{\partial\theta}\boldsymbol{e}_\phi \tag{2-44}$$

这里位函数满足的方程同上

$$(\lambda+2\mu)\nabla^2\phi=\rho\ddot{\phi} \tag{2-45}$$

$$\mu\nabla^2\boldsymbol{\psi}=\rho\ddot{\boldsymbol{\psi}} \tag{2-46}$$

应力位移方程为

$$\begin{aligned}
\sigma_{rr}&=\lambda U+2\mu\frac{\partial u_r}{\partial r}\\
\sigma_{\theta\theta}&=\lambda U+2\mu\left(\frac{1}{r}\frac{\partial u_\theta}{\partial\theta}+\frac{\partial u_r}{\partial r}\right)\\
\sigma_{\phi\phi}&=\lambda U+2\mu\left(\frac{\cot\theta}{r}u_\theta+\frac{\partial u_r}{\partial r}\right)\\
\sigma_{r\theta}&=\mu\left(\frac{1}{r}\frac{\partial u_r}{\partial\theta}+\frac{\partial u_\theta}{\partial r}-\frac{u_\theta}{r}\right)
\end{aligned} \tag{2-47}$$

其中

$$U=\nabla\cdot u=\frac{\partial u_r}{\partial r}+\frac{2}{r}u_r+\frac{1}{r}\frac{\partial u_\theta}{\partial\theta}+\cot\,\theta\frac{u_\theta}{r} \tag{2-48}$$

考虑到一平面纵波投射于一浸在流体中的弹性球体上，令球体的半径为 R，球内各物理量与球外相应的物理量用相同的符号，只是球内的量都加附标“′”，则入射势 ϕ_i、反射势 ϕ_R、$\boldsymbol{\psi}$ 和透射势 ϕ'、$\boldsymbol{\psi}'$ 可以用级数展开表示式：

$$\begin{aligned}
\phi_i&=\mathrm{e}^{\mathrm{i}K_r\cos\theta}=\sum_{m=0}^{\infty}\mathrm{i}^m(2m+1)\varphi_m(K_r)P_m(\cos\theta)\\
\phi_R&=\sum_{m=0}^{\infty}\mathrm{i}^m(2m+1)B_m\zeta_m(K_r)P_m(\cos\theta)\\
\boldsymbol{\psi}&=\sum_{m=0}^{\infty}\mathrm{i}^m(2m+1)C_m\zeta_m(\overline{K}_r)P_m(\cos\theta)\\
\phi'&=\sum_{m=0}^{\infty}\mathrm{i}^m(2m+1)B'_m\varphi_m(K'_r)P'_m(\cos\theta)
\end{aligned} \tag{2-49}$$

$$\psi' = \sum_{m=0}^{\infty} \mathrm{i}^m (2m+1) C'_m \varphi_m(\overline{K}'_r) P'_m(\cos\theta) \tag{2-50}$$

式中, P_m、P'_m 为勒让德 (Legendre) 函数; φ_m 和 ζ_m 为海涅 (Heine) 函数, 它们与贝塞尔 (Bessel) 函数和汉克尔 (Hankel) 函数的关系是

$$\begin{aligned} \varphi_m(x) &= \sqrt{\frac{\pi}{2x}} J_{m+\frac{1}{2}}(x) \\ \zeta_m(x) &= \sqrt{\frac{\pi}{2x}} H^{(1)}_{m+\frac{1}{2}}(x) \end{aligned} \tag{2-51}$$

而 B_m, C_m 各阶幅度由初始入射波幅度 $r = R$ 的边值条件确定。

由边界条件: 在 $r = R$ 时, 位移及应力连续可得到关于 B, C 的 4 个方程, 由此得到悬浮液中的衰减系数及声速 [6]。在此我们只关心声速问题, 在散射球半径很小或入射波频率较低, 即满足 $KR \ll 1$ 时, 其表达式如下:

$$C = \frac{C_\mathrm{l}}{\sqrt{\left(n_\mathrm{l} + \dfrac{\rho_\mathrm{s}}{\rho_\mathrm{l}} n_\mathrm{s}\right)\left(n_\mathrm{l} + \dfrac{\beta_\mathrm{s}}{\beta_\mathrm{l}} n_\mathrm{s}\right)}} \tag{2-52}$$

式中, C 为悬浮液中声波波速; C_l 为纯流体声波波速; n、ρ、β 分别代表体积浓度、密度、体积压缩系数; 下标 s、l 分别代表悬浮粒子和纯流体。由式 (2-52) 可以看出, 悬浮液中声速随悬浮粒子浓度而改变。

2.6.2 一般悬浮液声波传播声速特性分析

上节分析忽略了粒子之间的相互作用, 下面考虑到粒子相互作用时悬浮液中的声速情况。设平面波的传播方向为 x 轴, 悬浮液单位体积质量为 ρ, 单位小体元的动能和耗散函数可表示为

$$T = \frac{1}{2}(\rho_{11} \dot{\boldsymbol{\xi}}_\mathrm{p}^2 + 2\rho_{12} \dot{\boldsymbol{\xi}}_\mathrm{p} \dot{\boldsymbol{\xi}}_\mathrm{l} + \rho_{22} \dot{\boldsymbol{\xi}}_\mathrm{l}^2) \tag{2-53}$$

$$D = \frac{b}{2}(\dot{\boldsymbol{\xi}}_\mathrm{p} - \dot{\boldsymbol{\xi}}_\mathrm{l})^2 \tag{2-54}$$

式中，$\boldsymbol{\xi}$ 代表位移；下标 p 和 l 分别指固、液两部分；ρ_{11} 和 ρ_{22} 分别是小体元中固相和液相两部分的各自有效质量；ρ_{12} 是互感质量；b 称为阻力系数。

由拉格朗日方程可得

$$\frac{\partial}{\partial t}\left(\frac{\partial T}{\partial \dot{\boldsymbol{\xi}}_{\mathrm{p}}}\right)+\frac{\partial D}{\partial \dot{\boldsymbol{\xi}}_{\mathrm{p}}}=q_{\mathrm{p}} \tag{2-55}$$

式中，q 指广义力。

悬浮颗粒半径远远小于波长时，即 $k\alpha \ll 1$ 时，小体元中固、液两部分的应力可看出是连续的，因此悬浮液体积压缩系数 β 和声压 P_0 就可表示为

$$\beta=\beta_{\mathrm{l}}C_{\mathrm{l}}+\beta_{\mathrm{p}}C_{\mathrm{p}} \tag{2-56}$$

式中, C 表示体积浓度。

由于

$$\begin{aligned} q_{\mathrm{p}}&=C_{\mathrm{p}}\times\left(-\frac{\partial P_0}{\partial x}\right)\\ q_{\mathrm{l}}&=C_{\mathrm{l}}\times\left(-\frac{\partial P_0}{\partial x}\right) \end{aligned} \tag{2-57}$$

结合式 (2-55) 和式 (2-56) 后得到在有耗散情况下悬浮液中平面波的传播方程:

$$\rho_{11}\ddot{\boldsymbol{\xi}}_{\mathrm{p}}+\rho_{12}\ddot{\boldsymbol{\xi}}_{\mathrm{l}}+b(\ddot{\boldsymbol{\xi}}_{\mathrm{p}}-\ddot{\boldsymbol{\xi}}_{\mathrm{l}})=\frac{C_{\mathrm{p}}}{\beta}\frac{\partial^2}{\partial x^2}(C_{\mathrm{p}}\boldsymbol{\xi}_{\mathrm{p}}+C_{\mathrm{l}}\boldsymbol{\xi}_{\mathrm{l}}) \tag{2-58}$$

$$\rho_{12}\ddot{\boldsymbol{\xi}}_{\mathrm{p}}+\rho_{22}\ddot{\boldsymbol{\xi}}_{\mathrm{l}}+b(\ddot{\boldsymbol{\xi}}_{\mathrm{l}}-\ddot{\boldsymbol{\xi}}_{\mathrm{p}})=\frac{C_{\mathrm{l}}}{\beta}\frac{\partial^2}{\partial x^2}(C_{\mathrm{p}}\boldsymbol{\xi}_{\mathrm{p}}+C_{\mathrm{l}}\boldsymbol{\xi}_{\mathrm{l}}) \tag{2-59}$$

从式 (2-58) 和式 (2-59) 可以发现悬浮液中固体颗粒的运动不但受到流体黏滞的作用，而且还受到其他固体颗粒的作用。由式 (2-58) 和式 (2-59) 得到

$$(\rho_{11}+\rho_{12})\ddot{\boldsymbol{\xi}}_{\mathrm{p}}+(\rho_{12}+\rho_{22})\ddot{\boldsymbol{\xi}}_{\mathrm{l}}=\frac{1}{\beta}\frac{\partial^2}{\partial x^2}(C_{\mathrm{p}}\boldsymbol{\xi}_{\mathrm{p}}+C_{\mathrm{l}}\boldsymbol{\xi}_{\mathrm{l}}) \tag{2-60}$$

可以看出耗散力是体元内力；式 (2-60) 右边等于小体元所受外力，由此可得

$$\begin{aligned}(\rho_{11}+\rho_{12})&=\rho_1\\(\rho_{12}+\rho_{22})&=\rho_2\\(\rho_1+\rho_2)&=\rho\end{aligned}\tag{2-61}$$

式中，ρ_1 和 ρ_2 分别为小体元中固、液两部分的单位体积质量。

考虑黏滞流体中振荡小球的阻力公式 (即斯托克斯公式)

$$F=-m_{\rm l}\left(\frac{1}{2}+\frac{9}{4\beta\alpha}\right)(\ddot{\boldsymbol{\xi}}_{\rm p}-\ddot{\boldsymbol{\xi}}_{\rm l})+\frac{9}{4\beta\alpha}m_{\rm l}\omega\left(1+\frac{1}{\beta\alpha}\right)(\dot{\boldsymbol{\xi}}_{\rm p}-\dot{\boldsymbol{\xi}}_{\rm l})$$

推导出互感质量 ρ_{12} 和阻力系数 b 的近似表达式：

$$\begin{aligned}\rho_{12}&=-\tau\rho_{\rm l}C_{\rm p}\\b&=\theta\rho_{\rm l}\omega C_{\rm p}\end{aligned}\tag{2-62}$$

式中，ω 是角频率；$\theta=\dfrac{9}{4\varepsilon\alpha}\left(1+\dfrac{1}{\varepsilon\alpha}\right)$；$\tau=\dfrac{1}{2}+\dfrac{9}{4\varepsilon\alpha}$，$\alpha$ 是球粒半径，$\varepsilon-\sqrt{\dfrac{\omega}{2\mu}}$，$\mu$ 是液体运动黏滞系数。

方程 (2-58) 和方程 (2-59) 的一般波动解表达式为

$$\boldsymbol{\xi}_{\rm p}=n_1\exp({\rm i}(\omega t-Kx))\tag{2-63}$$

$$\boldsymbol{\xi}_{\rm l}=n_2\exp({\rm i}(\omega t-Kx))\tag{2-64}$$

式中，K 为波矢，将式 (2-63) 和式 (2-64) 一起代入方程 (2-58) 和方程(2-59)，消去 n_1 和 n_2，由平面波的复数波矢 K 得到振幅衰减系数 α 和声速 $c_{\rm 1p}$，分别为

$$\alpha=\frac{C_{\rm p}C_{\rm l}^2\theta\omega\rho_{\rm l}(1-\sigma)^2}{\sqrt{2(\theta^2+Q^2)}}\cdot\sqrt{\frac{\beta}{\rho}}\cdot\sqrt{\frac{1}{\theta^2+PQ+\sqrt{(\theta^2+P^2)(\theta^2+Q^2)}}}\tag{2-65}$$

$$c_{1\mathrm{p}} = \frac{1}{\sqrt{\beta\rho}} \cdot \sqrt{\frac{2(\theta^2+Q^2)}{\theta^2+PQ+\sqrt{(\theta^2+P^2)(\theta^2+Q^2)}}} \tag{2-66}$$

式中，$P=\dfrac{\rho_{\mathrm{p}}C_{\mathrm{l}}}{\rho}+\tau$；$Q=\sigma C_{\mathrm{l}}^2+C_{\mathrm{l}}C_{\mathrm{p}}+\tau$；$\sigma=\rho_{\mathrm{p}}/\rho_{\mathrm{l}}$。

由上式也明显看出影响悬浮液声速的物理量很多，包括随悬浮物质浓度发生变化，但上述理论计算中也仅仅只考虑了液体的黏滞作用，还未涉及声波的散射作用，所以尽管公式很复杂，但还有很多因素未有考虑。但在低频或小颗粒即 $KR\ll 1$ 时，公式可以简化过渡到形式 $c_{1\mathrm{p}}=\dfrac{1}{\sqrt{\beta\rho}}$。

2.7　时间差分与悬浮液波速关系

由于不同浓度悬浮物质会引起声速变化，进而引起声时发生变化，这样利用声时差就有可能测量到悬浮物质的浓度。下面我们将建立气-气、液-固两种情况下的声时差与掺杂浓度的理论关系。

本书将基于 $KR\ll 1$ 情况，固定测量距离 L，一路由纯流体构成所谓的背景环境，测得时间 t_1，掺入异物后在同样的条件下测得时间 t_2，则时差 $\Delta t=t_2-t_1$，理论上必须首先建立声时差与悬浮液浓度关系。

2.7.1　二元混合气体声时差

在任意情况下的一般气体，其声速的表达式都颇为复杂。它与空气的相对分子质量、比热容和物态方程等诸多因素有关。在一般工程问题中，只需给出理想气体中声速的表达式，它可由绝热条件的物态方程导出

$$c=\sqrt{\frac{1}{k_{\mathrm{s}}\rho_0}}=\sqrt{\frac{\gamma P_0}{\rho_0}}=\sqrt{\frac{\gamma RT}{M}} \tag{2-67}$$

式中，k_{s} 为气体的绝热体积压缩系数，其定义为绝热情况下，单位压强变化引起的体积相对变化，即 $k_{\mathrm{s}}=-\left(\dfrac{\mathrm{d}V}{V}/\mathrm{d}p\right)$；$P_0$ 为周围环境的压力；R

为摩尔气体常数；T 为热力学温度；M 为气体的相对分子质量；γ 为气体的比定压热容 c_p 与比定容热容 c_V 之比，即 $\gamma = c_p/c_V$。

由于二元气体混合时处于相同的压强环境，所以根据式 (2-67) 有

$$\left(\frac{c_{\mathrm{M}}^2}{c_{\mathrm{R}}^2}\right) = \left(\frac{\gamma_{\mathrm{M}}}{\gamma_{\mathrm{R}}}\right)\left(\frac{\rho_{\mathrm{R}}}{\rho_{\mathrm{M}}}\right) = \left(\frac{\gamma_{\mathrm{M}}}{\gamma_{\mathrm{R}}}\right)\left(\frac{M_{\mathrm{R}}}{M_{\mathrm{M}}}\right) \tag{2-68}$$

式中，用相应符号加下标 O、R 和 M 分别代表被测气体、背景气体和混合气体中的相应参量。设在同压强下，被测气体的体积比为 x，则背景气体的体积比为 $1-x$。那么混合气体的摩尔质量可以表示为

$$M_{\mathrm{M}} = x \cdot M_{\mathrm{O}} + (1-x)M_{\mathrm{R}} \tag{2-69}$$

式中，x 表示被测气体的占有浓度。

混合气体的平均比定压热容和比定容热容之比可以表示为

$$\gamma_{\mathrm{M}} = \frac{xc_{p\mathrm{O}} + (1-x)c_{p\mathrm{R}}}{xc_{V\mathrm{O}} + (1-x)c_{V\mathrm{R}}} \tag{2-70}$$

本书采用参比法测量背景气体中的待测气体 (目标气体) 浓度，超声波信号在距离为 L 的混合气体和背景气体中的传播时差可表示为

$$\Delta t = L\left(\frac{1}{c_{\mathrm{M}}} - \frac{1}{c_{\mathrm{R}}}\right) = \frac{L}{c_{\mathrm{R}}}\left(\frac{c_{\mathrm{R}}}{c_{\mathrm{M}}} - 1\right) \tag{2-71}$$

本书只考虑被测气体摩尔质量大于背景气体摩尔质量的情况，而被测气体摩尔质量小于背景气体摩尔质量的情况可作类似推理。把式 (2-67)、式 (2-69)、式 (2-70) 和式 (2-71) 合并计算可得

$$\Delta t = \frac{L}{c_{\mathrm{R}}}\left(\sqrt{\frac{xM_{\mathrm{O}} + (1-x)M_{\mathrm{R}}}{M_{\mathrm{R}}}D} - 1\right) \tag{2-72}$$

式中，$D = \dfrac{c_{p\mathrm{R}}}{\left(\dfrac{xc_{p\mathrm{O}} + (1-x)c_{p\mathrm{R}}}{xc_{V\mathrm{O}} + (1-x)c_{V\mathrm{R}}}\right)c_{V\mathrm{R}}}$(只考虑待测气体的摩尔质量大于背景气体的摩尔质量)。

可以看出，由式 (2-72) 可以得到时间差 Δt 和气体体积比 x 的关系，但表述和计算太复杂。而对于微量浓度的二元混合气体，根据经典热力学理论，在 $x < 10^{-2}$ 时，

$\dfrac{c_{p\mathrm{R}}}{\left(\dfrac{xc_{p\mathrm{O}}+(1-x)c_{p\mathrm{R}}}{xc_{V\mathrm{O}}+(1-x)c_{V\mathrm{R}}}\right)c_{V\mathrm{R}}} \approx 1.00$，则联立式 (2-72) 可得到下式：

$$\Delta t = \frac{L}{c_{\mathrm{R}}}\left(\sqrt{1+\left(\frac{M_{\mathrm{O}}}{M_{\mathrm{R}}}-1\right)x}-1\right) \tag{2-73}$$

式中，$\left(\dfrac{M_{\mathrm{O}}}{M_{\mathrm{R}}}-1\right)x$ 为一小量，所以可以利用泰勒公式进行展开，然后取一次项可得

$$\Delta t = \frac{L}{2c_{\mathrm{R}}}\left(\frac{M_{\mathrm{O}}}{M_{\mathrm{R}}}-1\right)x \tag{2-74}$$

从式 (2-74) 可以看出，当背景气体中含有微量异质气体时，微量异质气体的浓度或体积比 x 与微小时差 Δt 近似成正比关系。

2.7.2　二元混合液固流体声时差

在液体中混有异质固体粒子，为统一起见，仍设悬浮液浓度为 x, 则悬浮液声速公式变为

$$C = \frac{C_{\mathrm{l}}}{\sqrt{\left(1-x+\dfrac{\rho_{\mathrm{s}}}{\rho_{\mathrm{l}}}x\right)\left(1-x+\dfrac{\beta_{\mathrm{s}}}{\beta_{\mathrm{l}}}x\right)}} \tag{2-75}$$

则两路通道的时间差

$$\begin{aligned}\Delta t &= \frac{L}{C_{\mathrm{l}}}\sqrt{\left(1-x+\frac{\rho_{\mathrm{s}}}{\rho_{\mathrm{lw}}}x\right)\left(1-x+\frac{\beta_{\mathrm{s}}}{\beta_{\mathrm{lw}}}x\right)}-\frac{L}{C_{\mathrm{l}}}\\ &= \frac{L}{C_{\mathrm{l}}}\left[\sqrt{1+\left(\frac{\rho_{\mathrm{s}}}{\rho_{\mathrm{l}}}+\frac{\beta_{\mathrm{s}}}{\beta_{\mathrm{l}}}-2\right)x+\left(\frac{\rho_{\mathrm{s}}}{\rho_{\mathrm{l}}}-1\right)\left(\frac{\beta_{\mathrm{s}}}{\beta_{\mathrm{l}}}-1\right)x^2}-1\right]\end{aligned} \tag{2-76}$$

由于 x 为小量，忽略平方项

$$\Delta t=\frac{L}{C_{\rm l}}\left[\sqrt{1+\left(\frac{\rho_{\rm s}}{\rho_{\rm l}}+\frac{\beta_{\rm s}}{\beta_{\rm l}}-2\right)x}-1\right] \tag{2-77}$$

由泰勒展开式可得

$$\Delta t=\frac{L}{2C_{\rm l}}\left(\frac{\rho_{\rm s}}{\rho_{\rm l}}+\frac{\beta_{\rm s}}{\beta_{\rm l}}-2\right)x \tag{2-78}$$

上式形式和二元气体情况近似，掺入微量异质的流体悬浮液的声速近似和悬浮粒子浓度成正比。实际上，虽然加入异质物质，但由于是微量的，其整体行为还是流体特性，因此可以由流体声速公式 $c=\sqrt{\dfrac{K}{\rho}}$ 等效得出。

仍设悬浮浓度为 x，悬浮液等效体积模量

$$K=(1-x/K_{\rm l}+x/K_{\rm s})^{-1}$$

等效密度：

$$\rho=\rho_{\rm l}(1-x)+\rho_{\rm s}x$$

则时差

$$\Delta t=L\left\{\sqrt{\left(\frac{1-x}{K_{\rm l}}+\frac{x}{K_{\rm s}}\right)[\rho_{\rm l}(1-x)+\rho_{\rm s}x]}-\sqrt{\frac{\rho_{\rm l}}{K_{\rm l}}}\right\} \tag{2-79}$$

化简忽略 x 的平方项得

$$\begin{aligned}\Delta t&=L\sqrt{\frac{\rho_{\rm l}}{K_{\rm l}}}\left\{\sqrt{\left(\frac{1-x}{K_{\rm l}}+\frac{x}{K_{\rm s}}\right)[\rho_{\rm l}(1-x)+\rho_{\rm s}x]}-1\right\}\\&=L\sqrt{\frac{\rho_{\rm l}}{K_{\rm l}}}\left(\sqrt{1+\frac{K_{\rm s}\rho_{\rm s}+K_{\rm l}\rho_{\rm l}-2K_{\rm s}\rho_{\rm l}}{K_{\rm s}\rho_{\rm l}}x}-1\right)\end{aligned} \tag{2-80}$$

利用泰勒展开式得

$$\Delta t=L\sqrt{\frac{\rho_{\rm l}}{K_{\rm l}}}\frac{K_{\rm s}\rho_{\rm s}+K_{\rm l}\rho_{\rm l}-2K_{\rm s}\rho_{\rm l}}{2K_{\rm s}\rho_{\rm l}}x$$

可得时差与浓度近似成正比，下面章节将对上述理论结果进行实验验证。

2.8 本章小结

本章梳理了超声在含异质物流体中传播特性的理论描述，通过合理简化相关条件，推导出适合于实际工程应用情况的理论公式。简化后的公式表明：气体中低浓度异质气体的含量、液体中低浓度的气泡含量、变压器油中低浓度固体含量 (即含水量) 均与声速近似成正比关系。该结论还有待于下面章节进行实验验证。

参考文献

[1] 杜功焕. 声学基础 [M]. 南京: 南京大学出版社,2001.

[2] 曹全喜. 固体物理基础 [M]. 西安: 西安电子科技大学出版社,2008.

[3] 景思睿. 流体力学 [M]. 西安: 西安交通大学出版社,2001.

[4] Epstain P S, Carhart R R.The absorption of sound in suspension and emulsions [J]. A. S. A, 1953, (25): 553-565.

[5] Harker A H, Temple J G. Velocity and attenuation of ultrasound in suspensions of particles in fluids[J]. J. Phys. D: App.Phys., 1988,(21): 1576-1588.

[6] 魏荣爵, 张淑仪. 超声波在悬浮液 (水) 中的吸收 [J]. 中国物理学报, 1965, 21(05): 1061-1073.

第二篇

实 验 部 分

第3章　超声检测流体中低浓度异质物的实验研究

3.1　引　　言

为进一步深入研究超声检测流体中低浓度异质物含量的相关理论，本章主要通过时差与悬浮液浓度关系实验、六氟化硫浓度超声检测实验、超声水处理系统与检测实验和变压器油含水超声检测实验，对第1章中的相关理论进行了实验验证。

3.2　时差与悬浮液浓度关系的实验验证

本节基于前述的二元流体中声波传播的理论基础，针对两种典型的二元混合气体进行了理论和实验的验证，并在工程上采用时间差分法解决复杂环境中的抗干扰问题，提高检测的精度和稳定性。这两种典型的二元混合气体分别是六氟化硫和空气的混合体、氢气和空气的混合体。之所以说这两种二元混合气体是典型的是因为，一方面通常的二元混合气体的检测都是以空气为背景；另一方面六氟化硫的相对分子质量远大于空气的相对分子质量，而氢气的相对分子质量远小于空气的相对分子质量，并且，六氟化硫和氢气在电力、工业生产等场合应用广泛，对它们的检测有较好的应用价值。

上文所述的时间差分法的原理示意图如图3-1所示。本方法同时采用两个几何严格相等的检测通道进行检测，一个通道中的介质是没有异物掺入的流体，即背景流体通道；另一个通道中的介质是掺入了微量异物的流体，即被测流体。在驱动端，发射超声换能器被严格同步驱动，在接收端对接收信号进行时域差分。因为两个通道几何严格相等，所处环境相同，所以，环境因素对两个通道的影响是相同的，在接收端造成的接收时间不同的唯一影响因素就是流体中的微量异物。本方法实现简单、抗环境干扰能力强，配合以高速检测电路可以达到较高的精度。

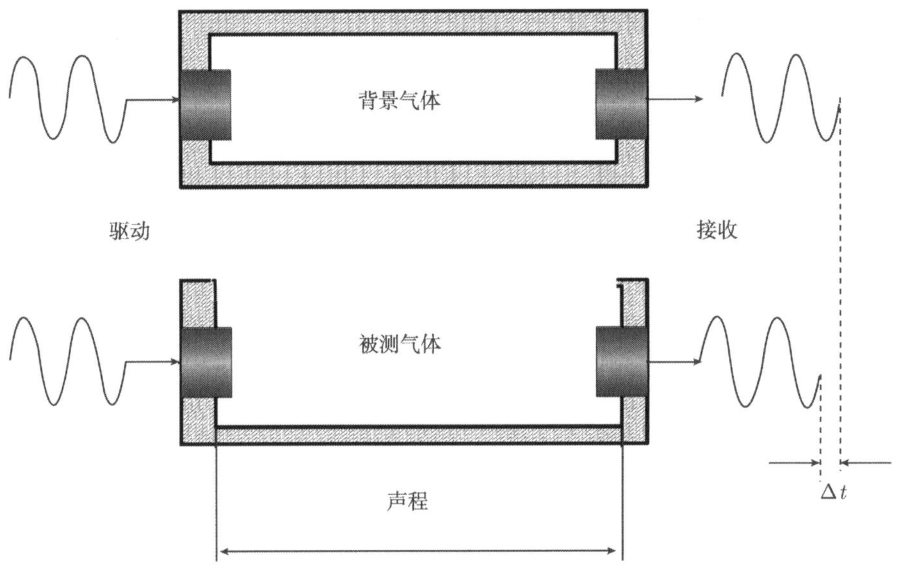

图 3-1 时间差分超声检测原理示意图

图 3-2 为时间差分超声检测法实验验证平台的原理框图，在实验中

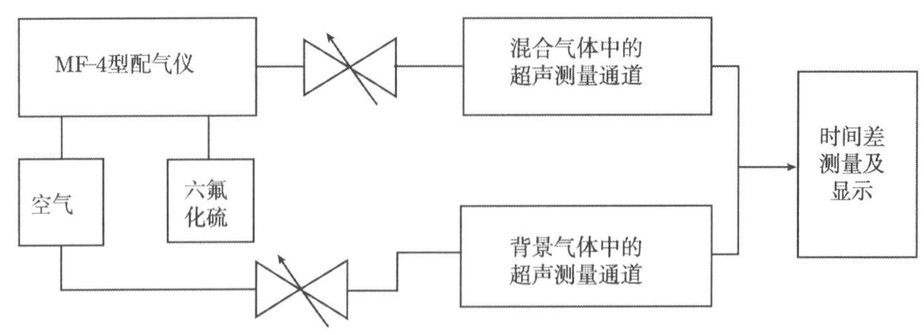

图 3-2 实验验证原理框图

以空气作为背景气体，经过流量控制阀到背景气体的超声检测通道，六氟化硫与空气在 MF-4 型配气仪中混合为一定浓度的混合气体，然后经由气体流量控制阀到混合气体的超声测量通道。经由两个测量通道的信号，经参比后，测量出两个信号传播的时间差。经多次重复测量后，可以描述出混合气体浓度 (体积比) 和两通道传播时间差值之间的关系。

实验验证分为两部分，一是仿真，一是实测。两者条件相同：温度 15℃，则空气中的声速为 340m/s，声程为 9cm，六氟化硫的摩尔质量为 146g/mol，空气的摩尔质量为 29g/mol。若取空气中六氟化硫的浓度 (体积比) 单位为 10×10^{-6}，Δt 的单位取 10^{-9}s(1ns)，则斜率为 1.872 74，空气中六氟化硫的浓度 (体积比) 与时间差值的理论计算曲线如图 3-3 所示，实验测量的曲线如图 3-4 所示，图 3-4 中的直线式实验测量的五点是通过线性拟合出来的，斜率为 1.872 75，拟合偏差 0.005 92，相关系数达到 0.9999。可以看出，理论计算数据和实测数据基本吻合，在浓度 (体积比)2000×10^{-6} 以下，都可使用本书的时间差方法测量高精度的微量浓度 (体积比)，实验误差不超过 1%，检测分辨率高于 30×10^{-6}。

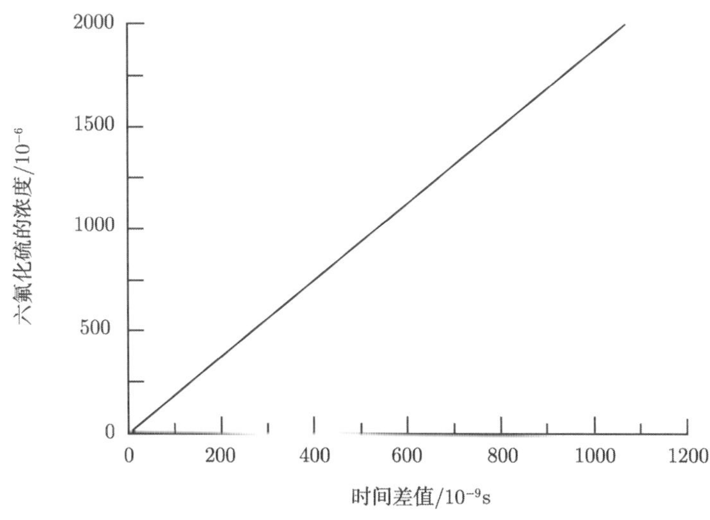

图 3-3 空气中六氟化硫的浓度与时间差值的理论计算曲线

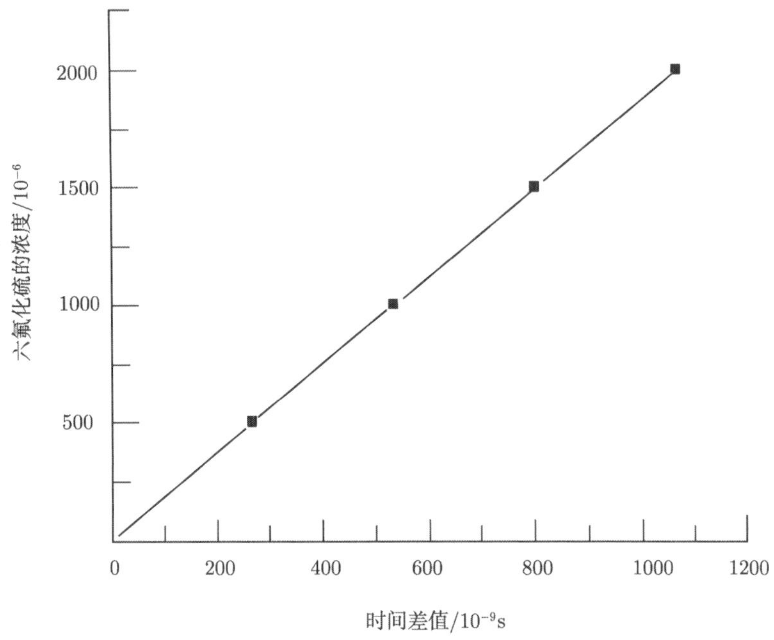

图 3-4　空气中六氟化硫浓度与时间差值的实测曲线

使用氢气和空气的混合气体进行实验验证的检测原理和实验原理与上述的相同，如图 3-5 所示。实验条件：温度 22.4℃，声程为 6.5cm，氢气的摩尔质量为 2g/mol，空气的摩尔质量为 29g/mol。由于氢气的摩尔质量小于空气，因此，混有氢气的空气中的声速比空气中的声速要快。图 3-5 中的纵轴用固定时间内的声程差来表示，即声程差越大，则表示声速越快。

通过仿真与实测的数据，可以验证在低浓度的空气中掺入异质气体时，可以利用超声的声速对掺入的浓度进行检测，具体实施手段是时差测量，并且验证了在低浓度下，时差和掺入的异质气体浓度呈近似线性关系。

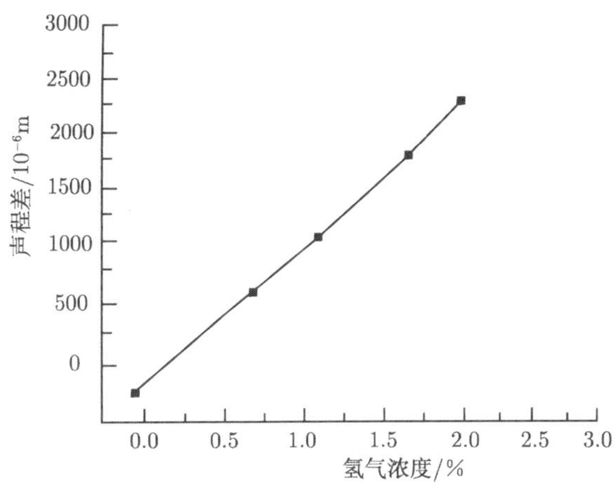

图 3-5 空气中氢气浓度与声程差关系的实测曲线

3.3 超声水处理系统与检测实验

超声波的空化效应是指向液体中辐射声波时，在一定压强下液体中出现的微小气泡随着声压的变化做脉动、振荡，或伴随有生长、收缩以致破灭的现象。液体声空化的过程是集中声场能量并迅速释放且最终高速度崩裂的动力学过程[1]。空化的产生过程发生时间极短 (在数纳秒至微秒之间)，气泡内的气体受压后温度和压力急剧上升 (5000K，10^7Pa 以上)，在其周期性振荡，特别是崩溃过程中，会产生瞬态的极大的高温、高压，并使气泡内气体和液体界面的介质裂解[2,3]。空化过程产生的高温高压的极端环境，使其在很多方面有着广泛的应用[4-8]，尤其是在超声降解、超声清洗、超声治疗等方面。长期以来，由于声反应器中声场分布的复杂性，一直缺少一种简易准确的声空化强度测量方法。作者通过时差法来表征液体中空化效应的强弱程度，并用电导率法和分光光度计法试验验证了该方法测量空化效应强弱简单易行，实时快捷。

3.3.1 时差法测量空化效应的原理

对于超声空化效应的测量，一般的方法是通过一系列的物理、化学方法对空化效应进行测量，如物理上的次谐波法 [1]，化学的碘释放法 [9-11]、电学法 [12,13] 以及声致发光法 [14]；随着科技的发展，出现了使用高速摄影与三维全息技术 [14] 形象地揭示与研究超声空化过程的方法。这些方法通过观测声空化表现出的某一方面效应来间接测量空化效应，但均不同程度存在过程复杂、或精度不高、或测量设备昂贵、或实时检测实际声化学反应中实际空化效应不便等问题。本书提出的基于时差法的超声水处理换能器空化效应的测量方法，是对已有方法的补充，能从另一方面间接检测声空化效应，从而增进对声空化效应更全面的认识与测量，该方法具备设备简单、易于实现，并且对于部分声化学反应能实时检测的特点。

传统的方法大多注重于空化微观机制或空化产额的准确测量方面，本书提出的时差法则更加注重于空化强度的宏观测量和部分声化学反应的实时监测。一般来说，空化过程中伴随着许多空化泡的产生，并且气泡数量随着空化强度的增加而增加，众所周知，声波在气体和液体中的传播速度存在较大差异，这将导致超声传播时间随着声空化泡的数量的变化而变化。本书通过测量不同功率超声的空化作用下，检测超声传播时间与未空化时的传播时间之差 (Δt)，检测出声空化效应强弱的变化。其原理如下所述。

本书中液体含有一定浓度的气泡，由于气泡浓度较小，该溶液可以看做一种悬浮液，流体中含有异质物粒子时，声音传播速度的表达式为 [15,16]

$$C=\frac{C_{\mathrm{l}}}{\sqrt{\left(n_{\mathrm{l}}+\dfrac{\rho_{\mathrm{s}}}{\rho_{\mathrm{l}}}n_{\mathrm{s}}\right)\left(n_{\mathrm{l}}+\dfrac{\beta_{\mathrm{s}}}{\beta_{\mathrm{l}}}n_{\mathrm{s}}\right)}} \tag{3-1}$$

为统一起见，设悬浮液浓度为 x，则悬浮液声速公式变为

$$C=\frac{C_{\mathrm{l}}}{\sqrt{\left(1-x+\frac{\rho_{\mathrm{s}}}{\rho_{\mathrm{l}}}x\right)\left(1-x+\frac{\beta_{\mathrm{s}}}{\beta_{\mathrm{l}}}x\right)}}\tag{3-2}$$

则声波在悬浮液与纯流体的传播时间差为

$$\begin{aligned}\Delta t&=\frac{L}{C_{\mathrm{l}}}\sqrt{\left(1-x+\frac{\rho_{\mathrm{s}}}{\rho_{\mathrm{lw}}}x\right)\left(1-x+\frac{\beta_{\mathrm{s}}}{\beta_{\mathrm{lw}}}x\right)}-\frac{L}{C_{\mathrm{l}}}\\&=\frac{L}{C_{\mathrm{l}}}\left[\sqrt{1+\left(\frac{\rho_{\mathrm{s}}}{\rho_{\mathrm{l}}}+\frac{\beta_{\mathrm{s}}}{\beta_{\mathrm{l}}}-2\right)x+\left(\frac{\rho_{\mathrm{s}}}{\rho_{\mathrm{l}}}-1\right)\left(\frac{\beta_{\mathrm{s}}}{\beta_{\mathrm{l}}}-1\right)x^2}-1\right]\end{aligned}\tag{3-3}$$

由于 x 为小量，忽略平方项

$$\Delta t=\frac{L}{C_{\mathrm{l}}}\left[\sqrt{1+\left(\frac{\rho_{\mathrm{s}}}{\rho_{\mathrm{l}}}+\frac{\beta_{\mathrm{s}}}{\beta_{\mathrm{l}}}-2\right)x}-1\right]\tag{3-4}$$

由泰勒展开式可得

$$\Delta t=\frac{L}{2C_{\mathrm{l}}}\left(\frac{\rho_{\mathrm{s}}}{\rho_{\mathrm{l}}}+\frac{\beta_{\mathrm{s}}}{\beta_{\mathrm{l}}}-2\right)x\tag{3-5}$$

掺入微量异质的流体悬浮液的声速近似和悬浮粒子浓度成正比。实际上，虽然加入异质物质，但由于是微量的，其整体行为还是流体特性，因此可以由流体声速公式 $c=\sqrt{\frac{K}{\rho}}$ 等效得出。

仍设悬浮浓度为 x，悬浮液等效体积模量

$$K=(1-x/K_{\mathrm{l}}+x/K_{\mathrm{s}})^{-1}$$

等效密度：

$$\rho=\rho_{\mathrm{l}}(1-x)+\rho_{\mathrm{s}}x$$

则时差

$$\Delta t=L\left\{\sqrt{\left(\frac{1-x}{K_{\mathrm{l}}}+\frac{x}{K_{\mathrm{s}}}\right)[\rho_{\mathrm{l}}(1-x)+\rho_{\mathrm{s}}x]}-\sqrt{\frac{\rho_{\mathrm{l}}}{K_{\mathrm{l}}}}\right\}\tag{3-6}$$

化简忽略 x 的平方项得

$$\begin{aligned}\Delta t &= L\sqrt{\frac{\rho_{\rm l}}{K_{\rm l}}}\left\{\sqrt{\left(\frac{1-x}{K_{\rm l}}+\frac{x}{K_{\rm s}}\right)[\rho_{\rm l}(1-x)+\rho_{\rm s}x]}-1\right\}\\ &= L\sqrt{\frac{\rho_{\rm l}}{K_{\rm l}}}\left(\sqrt{1+\frac{K_{\rm s}\rho_{\rm s}+K_{\rm l}\rho_{\rm l}-2K_{\rm s}\rho_{\rm l}}{K_{\rm s}\rho_{\rm l}}x}-1\right)\end{aligned} \tag{3-7}$$

利用泰勒展开式得

$$\Delta t = L\sqrt{\frac{\rho_{\rm l}}{K_{\rm l}}}\frac{K_{\rm s}\rho_{\rm s}+K_{\rm l}\rho_{\rm l}-2K_{\rm s}\rho_{\rm l}}{2K_{\rm s}\rho_{\rm l}}x \tag{3-8}$$

上述各式中，C 为悬浮液中声波波速；$C_{\rm l}$ 为纯流体声波波速；n、ρ、β 分别代表体积浓度、密度、体积压缩系数；下标 s、l 分别代表悬浮粒子和纯流体。由式 (3-8) 可见，超声传播时间差与液体中微泡的浓度近似成正比。本书正是通过检测超声作用过程中液体内部空化泡的浓度变化来确定超声空化强度。超声在液体和气体中传播速度的显著差异，导致液体中空化泡的浓度变化时声传播速度有明显变化，在传播距离一定的情况下，声速的变化表现为声传播时间的变化。但声速受环境参数的影响很大，直接测量声速将很不精确，本书采用无超声作用与有超声作用进行对比，即保证环境等相关条件完全相同的条件下，仅仅只有声输出功率为零和非零的区别，测量其声传播时间差的变化即可定性检测出声空化效应强弱的变化。

3.3.2　时差法测量空化效应的实验验证

1. 装置

为验证该方法，本书设计了如图 3-6 所示的实验装置。所用实验仪器：信号发生器，台湾固纬电子 (型号：GFG-3015；频率范围 10mHz~15MHz，幅值可调)；高频功率放大器，T&C Power Conversion, Inc.U.S.A.(型号：AG 1016；工作频率为 0.02~6MHz，50Ω 负载时最高输出功率 603W)；

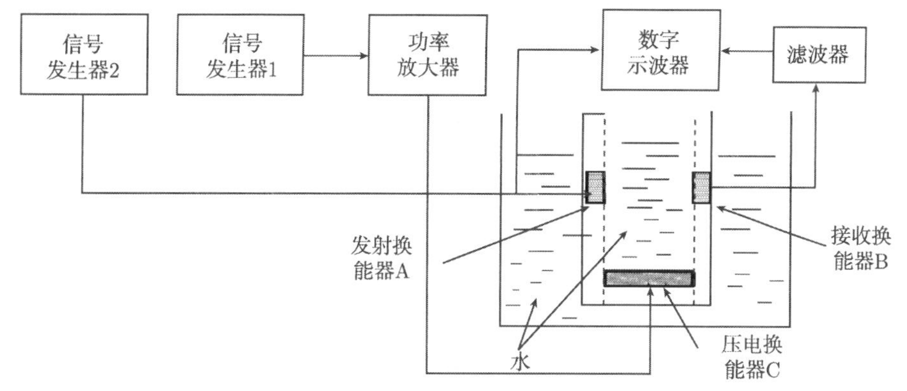

图 3-6 超声空化反应及测量装置原理图

数字示波器，泰克科技 (中国) 有限公司 (型号：TDS1012；带宽：DC-100MHz(−3dB)，直流增益误差：±3%，最高取样率：1.0GS/s)；换能器 C 为柱状压电陶瓷换能器，谐振频率为 494.74kHz，发射换能器 A 和接收换能器 B 为检测换能器，谐振频率为 1MHz；滤波器为自制带通滤波器。

该超声空化反应及测量装置主要由压电换能器 C、反应容器、信号发生器功率放大器、检测换能器 (包括发射换能器 A 和接收换能器 B) 以及超声传播时间差测量装置组成。

(1) 压电换能器 C 置于容器底部，并与容器紧密结合，容器内盛放反应液体，换能器驱动后使液体发生空化效应。发射换能器 A 和接收换能器 B 相对地嵌于容器的器壁中，其间距为圆柱形反应容器的直径长，此即检测信号的传播距离 L。

(2) 信号发生器 1 输出的正弦信号，经过功率放大之后，驱动压电换能器 C 工作，使液体产生空化效应。信号发生器 2 驱动检测换能器 A。通常，超声检测一般使用一个单脉冲的方波驱动换能器工作，但本实验中接收换能器接收到的信号受到很大的干扰，同时此干扰很难滤除，使用正弦波后，接收端的信号比较稳定，同时由于声信号的通道路径 L 较短，微泡浓度较低，所测得的时间差在纳秒级，而信号的周期在微秒级，不存在无法确定传播时间差是否经过多个周期的问题。

(3) 超声时间差测量主要用数字示波器采集读取。接收换能器 B 接收到的信号经过滤波处理后，通过数字示波器采集信号波形，方法如图 3-7 所示：首先在未空化时，对比发射信号与接收信号的波形，并测量二者的时差 Δt_1；而在空化反应进行时，空化产生气泡，导致信号传播时间变长，发射信号与接收信号的差距 Δt_2 也变大。由上文可知，信号空化和未空化时的信号传播时间差 Δt 不会超过一个周期，所以 $\Delta t = \Delta t_2 - \Delta t_1$。

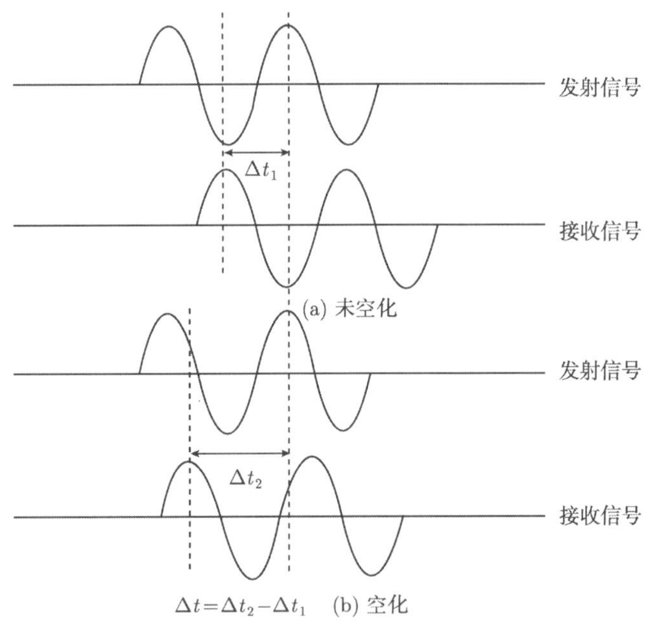

图 3-7　信号传播时间测量示意图

2. 实验

(1) 使用图 3-6 的装置，向反应容器中加入适量的水，并将整个超声换能器置于水中。

(2) 用信号源产生频率为 494.74kHz 的正弦信号，幅度为 3V，并与功率放大器相连，放大后驱动超声换能器，用另一个信号源产生一个频率为 1MHz 的正弦波，驱动超声换能器工作。

(3) 将整个装置连接好后，打开功率放大器开关，进行测量。每个声功率加到超声换能器上后，工作 5min，使空化效应达到稳定后，间隔 30s 快速测量三组数据，计算平均传播时间，防止反应时间过长引起水温的变化，影响测量结果。

(4) 用数字示波器采集并获取测量数据。

(5) 维持测量条件不变，改变功率放大器输出功率。重复测量步骤 (1)~(4)。

(6) 计算得出不同声功率下的超声传播时间与未空化时的传播时间差 Δt。

3. 结果与分析

按照上述实验装置及实验步骤，得到如表 3-1 所示的实验数据：该表中以电功率间接反映声功率的大小，测定在不同功率的超声作用下，检测信号从换能器 A 到 B 的传播时间与未空化的差值 (即表中的 Δt)。

以表 3-1 中加在换能器两端的功率为横坐标，测得的超声传播时间差为纵坐标，可得到如图 3-8 所示的声功率与时间差的关系图。图中实线为实际测得数据的连接线，而虚线是根据测得数据所做的拟合线。从图 3-8 可以看出：在一定功率范围内，换能器上所加电功率的大小与样品中声波传播的时间差近似呈线性关系，当所加电功率足够大时，超声传播时间差趋向平缓。从实验结果可见，在一定范围内，由于换能器输入电功率与其所激发的声功率成正比关系，而空化未饱和时，声功率越大，空化也越剧烈 [14,15]，伴随空化产生的微泡越多，因此，可根据超声传播的时间差，检测出声空化效应强弱的变化。当空化达到饱和时，产生的微泡也基本达到饱和，即表现为图 3-8 中拟合曲线越来越平缓。

表 3-1 时差法测量空化效应实验结果

换能器声功率(用输入电功率间接反映)/W	时间差 (Δt)/ns
0	0
1	46
2	74
3	100
5	160
6	170
7	180
9	210
10	210

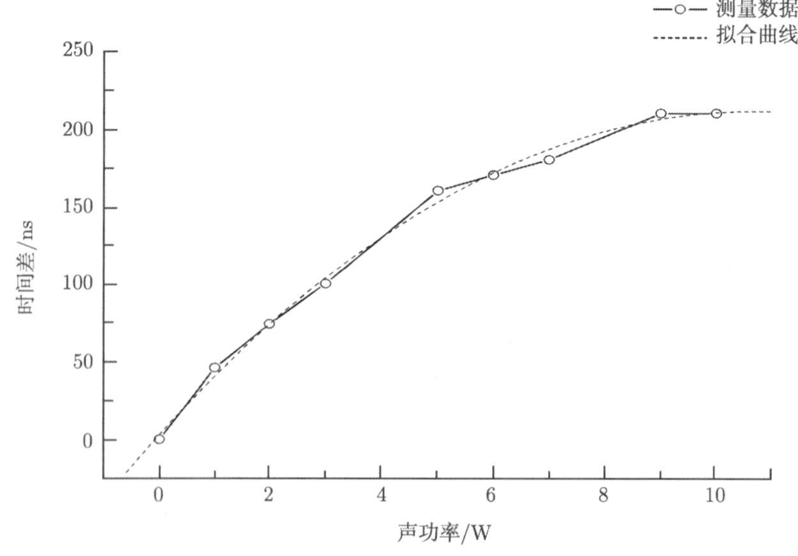

图 3-8 声功率与时间差关系图

4. 与电学法空化测量方法的对比

为方便对比和验证时差法测量空化效应的正确性，本书采用了电学法对空化效应进行测量，通过两者实验结果的分析对比，可以有效地证明本书方法的正确性。

电学法测量空化效应的原理如本书 3.1 节所述，空化反应过程使水变成了电解液，电导率增大，通过检测电导率的变化，即可研究声空化的情况。实验装置与图 3-6 相似，只是将测量装置增加 DDS_11A 型电导率仪。实验中采用去离子水作为反应对象，每次实验中都采用频率为 494.74kHz 的超声波，通过功率放大器改变超声波的输出功率，作用 5min 后，读取电导率仪的数据和时间差的数据。测量结果如表 3-2 所示。

表 3-2 电学法测量空化效应实验结果

换能器声功率 (用输入电功率间接反映)/W	电导率 S	电导率差 $(\Delta S)/(\mu S/cm)$	时间差 $(\Delta t)/ns$
0	2	0	0
3	3.7	1.7	190
6	4.4	2.4	280
10	4.8	2.8	410
15	5.3	3.3	550
20	6.3	4.3	640
25	6.8	4.8	730

以表 3-2 中加在换能器两端的功率为横坐标，测得的电导率差为纵坐标，可得到如图 3-9 所示的声功率与电导率差的关系图。

图 3-9 说明了电导率与声功率的关系、电导率变化时空化效应作用的结果，所以它也可以说明空化效应随声功率的变化关系，这一变化与图 3-8 表示的变化趋势一致。

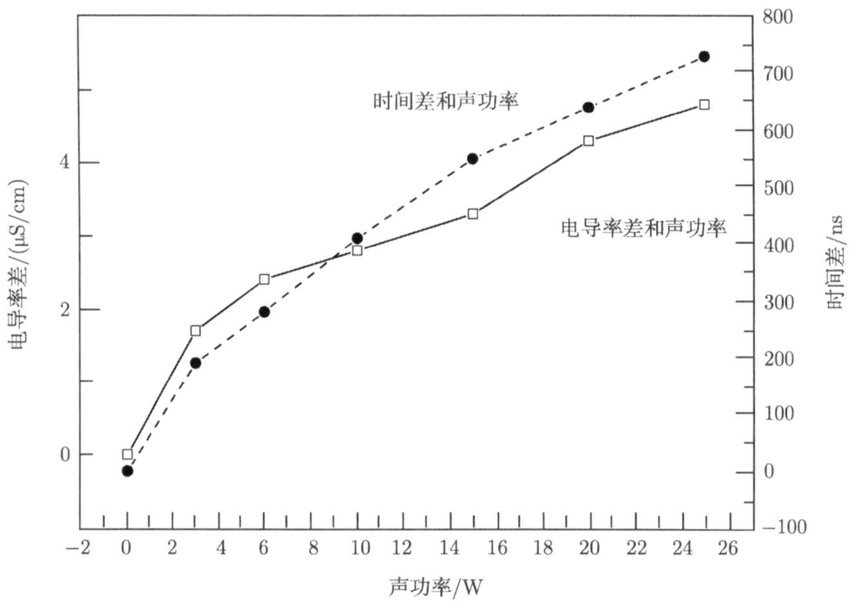

图 3-9　声功率与电导率的关系

5. 污水实验样本的降解研究

由前文所述，我们知道超声空化效应是超声污水处理的主要动力，空化效应进行得越剧烈，在相同的时间内，污水的降解率应该越高。本书中我们得到了空化效应与超声传播的时间差存在着近似的正比关系，那么在相同的时间内，超声传播的时间差与降解率也应该存在近似的正比关系。为验证上述结论，我们进行了如下实验，实验过程简述如下。

采用如图 3-6 所示的实验装置，向反应容器内加入原浓度为120mg/L 的对硝基苯酚 (PNP) 溶液 300mL，调节功率放大器的输出功率，作用 60min 后，用 UVWin5 紫外分光光度计测量作用后的溶液浓度，计算 PNP 的降解率，并根据 3.2 节所述，测量时间差。改变功率的大小，可以得到如表 3-3 所示的实验数据。

表 3-3 污水降解实验数据

功率/W	吸光度		溶液浓度/(mg/mL)	降解率/%	时间差/ns
	实测值	平均值			
15	0.672 0.677 0.678	0.6756	0.106 02	8.87	630
10	0.682 0.683 0.685	0.6833	0.107 24	7.82	510
6	0.719 0.712 0.714	0.7150	0.112 29	3.48	370
3	0.729 0.723 0.730	0.7273	0.114 24	1.81	170
0	0.741 0.740	0.7405	0.116 34	0	0

根据表 3-3，可以得到如图 3-10 所示的超声传播时间差、降解率与声功率之间的关系，从图 3-10 可见，时差法的结果与 PNP 的降解率变化趋势基本一致。

3.3.3 结论

和其他现有的测量空化效应的方法一样，时差法测量空化效应现在也是利用超声空化效应的某方面特征来间接地检测出超声空化效应的，在尚没有方法全面准确测量空化效应的情况下，研究利用超声空化效应某方面特征检测空化效应的新手段或新方法，有非常重要的意义，通过这些方法和手段的比较分析，可以增强人类感知超声空化效应的能力，为更加准确地评价空化效应强弱创造了有利的条件。

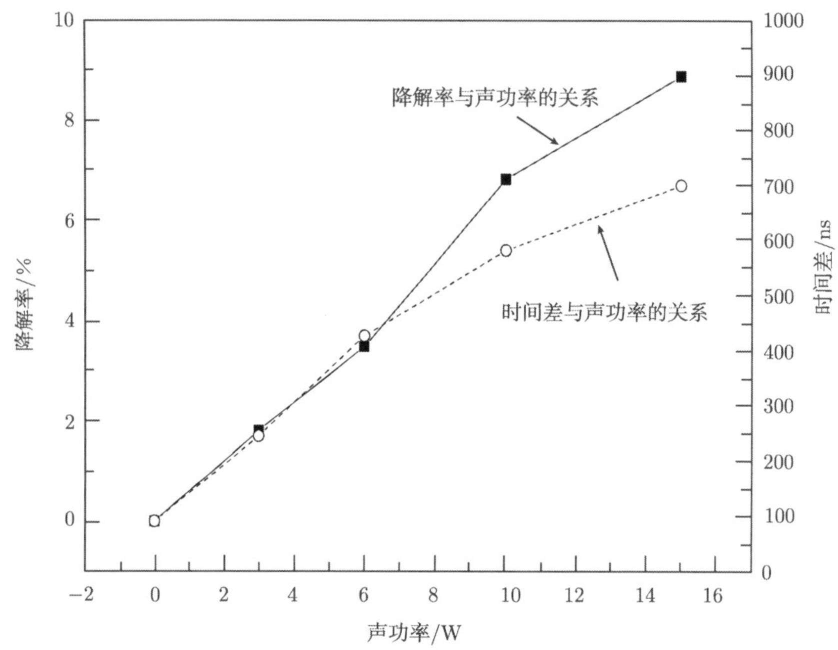

图 3-10　超声传播时间差、降解率与声功率之间的关系

本实验利用时差法对超声空化效应的测量进行了研究，找出了声功率与超声时间差在一定范围内的正比关系，从宏观上测量了空化效应的强弱变化，本书只是利用时差法测量空化效应的初步研究，还有许多细节问题有待进一步深入研究。

3.4　变压器油含水超声检测实验

由于超声波的传输速度受温度、湿度、气压等环境因素的影响非常大，为了有效消除环境对于传输时间的影响，提出了一种差分的思想用于变压器油中微水检测，就是将两个完全相同的通道放在同一环境中，一个放标准变压器油，另外一个放含水变压器油，将两者测量的超声传播时间相减，由于两个通道在同一个环境中，可以消除环境因素对于测量结果的影响。

在等温等压条件下，第一对换能器之间放置标准变压器油，声速用 c_1 表示，另一对换能器之间放置待测变压器油，对标准变压器油及待测变压器油同时冷冻，这时变压器油中的微量水分变成了固态冰，即成悬浮液，声速用 c_2 表示。

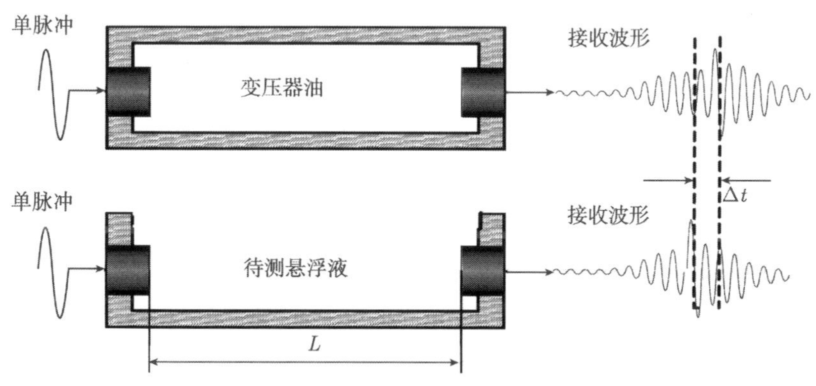

图 3-11　差分检测方法示意图

差分检测方法如图 3-11 所示，发射换能器与接收换能器均相距 L。第一个通道中传播时间为 $t_1=\dfrac{L}{c_1}$，在第二个通道中传播时间为 $t_2=\dfrac{L}{c_2}$，则两路接收信号时间差为

$$\Delta t=\left(\frac{L}{c_2}-\frac{L}{c_1}\right) \tag{3-9}$$

又根据第 2 章的理论推导

$$C=\frac{C_{\mathrm{l}}}{\sqrt{\left(1-x+\dfrac{\rho_{\mathrm{s}}}{\rho_{\mathrm{l}}}x\right)\left(1-x+\dfrac{\beta_{\mathrm{s}}}{\beta_{\mathrm{l}}}x\right)}} \tag{3-10}$$

则

$$
\begin{aligned}
\Delta t &= \frac{L}{C_{\mathrm{l}}}\sqrt{\left(1-x+\frac{\rho_{\mathrm{s}}}{\rho_{\mathrm{lw}}}x\right)\left(1-x+\frac{\beta_{\mathrm{s}}}{\beta_{\mathrm{lw}}}x\right)}-\frac{L}{C_{\mathrm{l}}} \\
&= \frac{L}{C_{\mathrm{w}}}\left[\sqrt{1+\left(\frac{\rho_{\mathrm{s}}}{\rho_{\mathrm{l}}}+\frac{\beta_{\mathrm{s}}}{\beta_{\mathrm{l}}}-2\right)x+\left(\frac{\rho_{\mathrm{s}}}{\rho_{\mathrm{l}}}-1\right)\left(\frac{\beta_{\mathrm{s}}}{\beta_{\mathrm{l}}}-1\right)x^2}-1\right]
\end{aligned}
\tag{3-11}
$$

由于 x 比较小，略去平方项，然后泰勒展开式可得

$$
\Delta t = \frac{L}{2C_{\mathrm{l}}}\left(\frac{\rho_{\mathrm{s}}}{\rho_{\mathrm{l}}}+\frac{\beta_{\mathrm{s}}}{\beta_{\mathrm{l}}}-2\right)x \tag{3-12}
$$

式中，β_{l}、β_{s} 分别表示变压器油和冰的体积压缩模量；ρ_{l}、ρ_{s} 分别表示变压器油和冰的密度，由公式可得时间差与油中微水含量呈线性关系，由此可根据超声波脉冲在两个通道中的时间差来测量油中微水的含量。

超声传播时间差与悬浮液浓度仿真图如图 3-12 所示，随着含水量的上升，通过被检测通道的超声传播时间与标准变压器油的超声传播时间差也越来越大，并且在浓度较小情况下几乎呈线性的关系，清楚地说明了通过测量超声传播时间差可以得出变压器油中含水量。

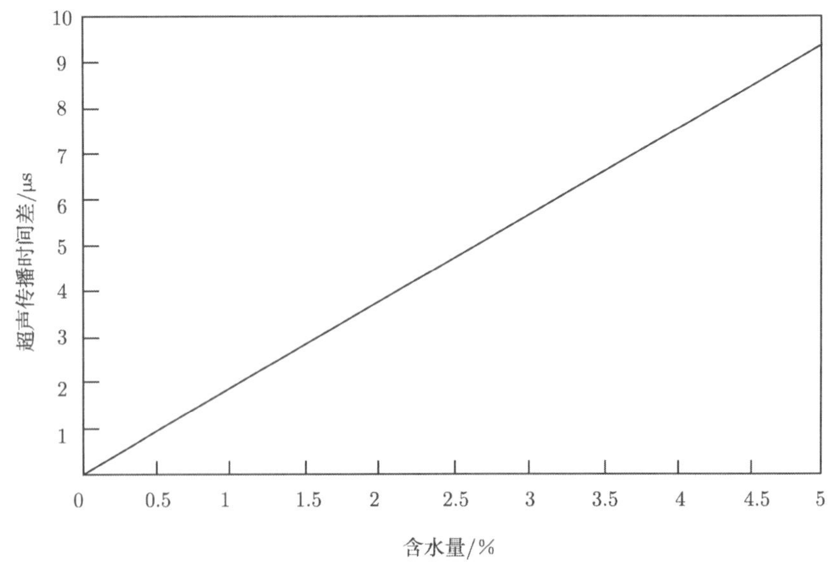

图 3-12　超声传播时间差与悬浮液浓度关系图

根据以上理论仿真分析，超声用于检测变压器油中微水含量是可行的。下面利用实验来验证上述分析的可行性，由于水与油是不相溶的且在常温下，超声在水与油的传播速度基本相同，而油与冰的传播时间相差较大，因此本书的设计思想是先将油水混合物进行超声乳化，让水能充分均匀溶于油中，然后经过冷冻，让水变成冰，接着测量超声传播时间，最后根据公式和测得的时间差来确定变压器油含水量，另外在试验中限于条件和节省成本，本实验采用大豆油替代变压器油。实验中的环境条件为常温常压，具体的实验条件将在以下几个实验步骤中具体说明。

1. 溶液配制

将一定量的水加入油中，得到表 3-4 不同含水量油的配制结果。

表 3-4 不同含水量变压器油（本实验用大豆油）的配制结果

含水量/%	水/g	大豆油/g	总量/g
0	0	330	330
0.5	1.65	328.35	330
1	3.3	326.7	330
2	6.6	323.3	330
3	9.9	320.1	330
4	13.2	316.8	330
5	16.5	313.5	330

2. 超声乳化

为了让水均匀地溶于油中，需要将配制好的溶液进行超声乳化，作者利用 28kHz 和 38kHz 的变幅杆超声换能器对油水混合溶液进行乳化，变幅杆超声换能器由无锡中科超声公司研制，超声电源电路由本团队研制，搅拌仪为江苏省金坛市佳美仪器有限公司 5-79HW-1 型恒温磁力搅拌仪，乳化装置为中国科学院声学研究所研制的 88-1 型超声乳化强力处理机，超声乳化时将变幅杆超声换能器激发到额定输出的最佳状态，一般凭激发时发出的响声、激励电路的输出电流显示和声波在液体中的激励情况三者综合判定。试验结果表明，两种频率均能使溶液乳化，作用时间 2min 即可直观看到溶液变成乳白色，4min 时感觉溶液与护皮肤用的乳液很相似，试验中乳化时间取 15min，因为乳化是小液滴相互碰撞的过程，在碰撞过程中小液滴存在着被合并与被击碎的可能，这两个过程达到平衡时，乳化液中水滴平均粒径才趋于稳定。乳化时需要磁力搅拌机将溶液搅拌至均匀。本试验的装置如图 3-13 所示。

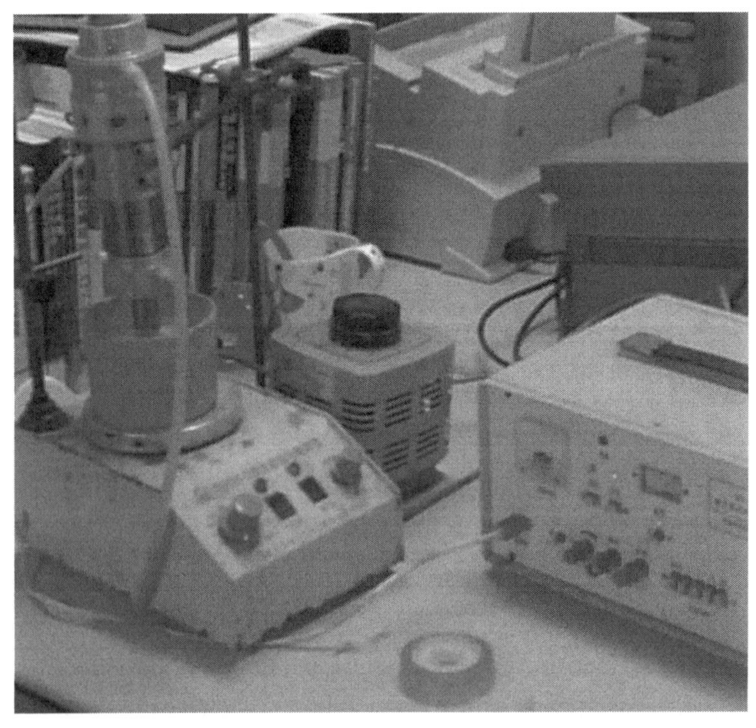

图 3-13　超声乳化加磁力搅拌机示意图

3. 冰箱冷冻

经过乳化后的混合溶液，水已经均匀地分布到了油中，接着将乳化好的溶液迅速放置电冰箱的冷冻室进行冷冻，冷冻室冷冻 1h，水已经成为了固态的冰，而油仍然为液态。

4. 声波测量

用自制信号源产生单脉冲激励检测通道一端的发射超声波换能器，用示波器分别接到发射超声换能器和接收超声换能器上，同时显示发射与接收波形，试验结果分别如图 3-14 中上、下两个波形所示，通过观察发射和接收波形时间差，从而得到传播时间。

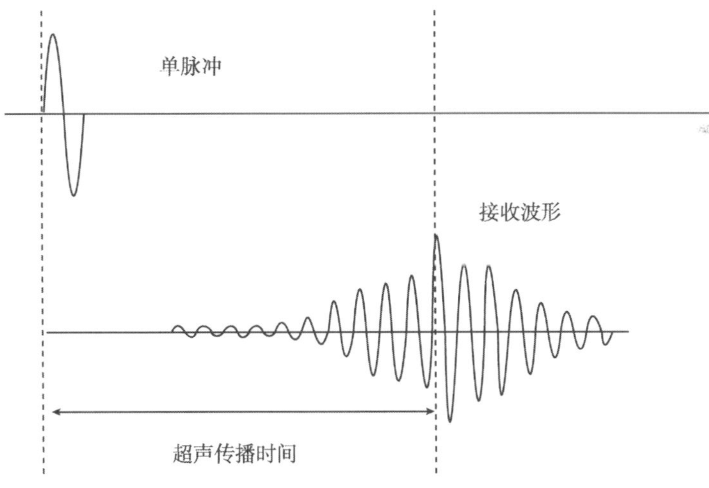

图 3-14 测量传播时间方法示意图

具体的实验装置如图 3-15 所示，装有变压器油的容器为 PVC 材料制作，长度为 21.0cm，其外直径为 6.0cm，上部注油口高度为 6.0cm，口直径为 4.5cm，容量在 430mL 左右，容器两端装有一对谐振频率为 40kHz 的换能器，测量时信号从一端发射，由另一端换能器接收。

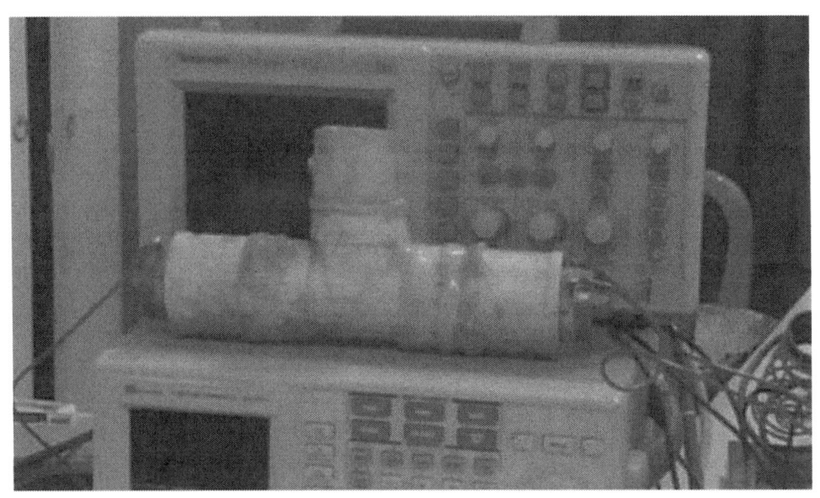

图 3-15 变压器油时间测量装置图

5. 数据分析

根据多次实验的测量数据，我们绘制了如图 3-16 的曲线，发现油中

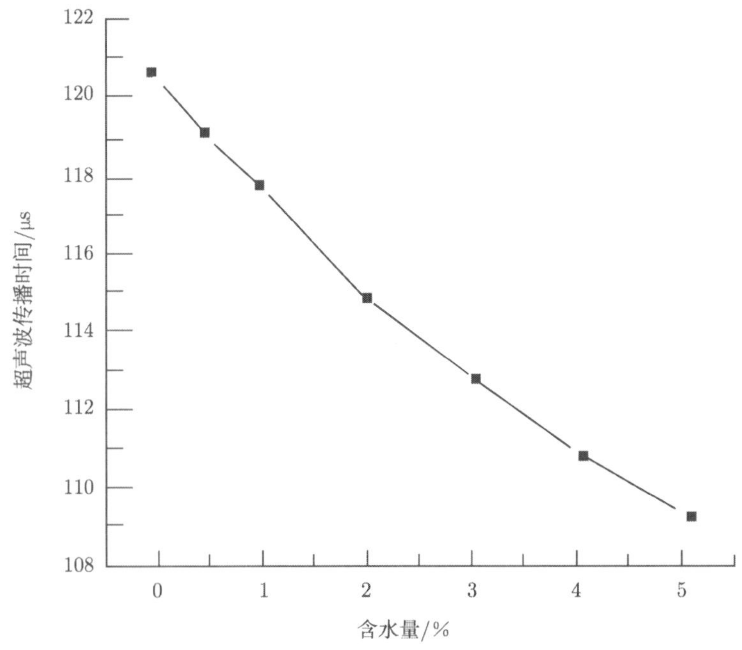

图 3-16 超声波传播时间与油含水量关系图

微水的含量与超声传播的时间呈近似线性关系，由此，可以通过检测超声传播的时间来测量油中微水的含量。

本书提出的一种差分的思想用于油中微水检测，实验数据如图 3-17 所示，随着含水量的上升，通过被检测通道的超声传播时间与标准油的超声传播时间差也越来越大，与理论仿真图基本一致，试验表明通过测量超声波传播时间来确定油中微水含量是可行的。

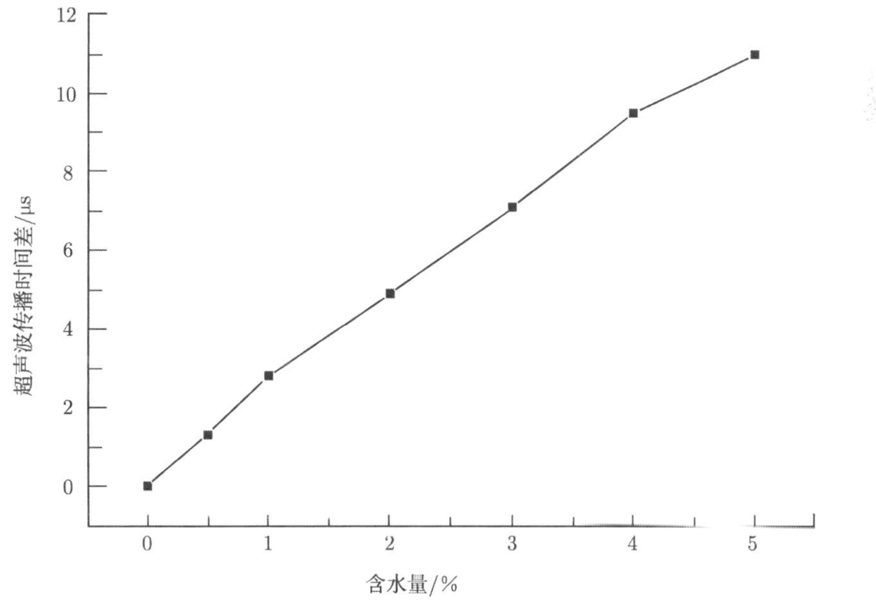

图 3-17 超声波传播时间差与油含水量关系图

3.5 本章小结

本章通过实验验证了时差与悬浮液浓度的关系，检测了超声水处理系统中空化效应强弱以及变压器油中的含水量。得到了超声波传输的时间差值与变压器油中的含水量成正比的实验结果，为基于超声方法检查变压器油中水的含量建立了基础。

参 考 文 献

[1] Epstain P S, Carhart R R. The absorption of sound in suspension and emulsions. I. Water Fog in Air [J]. Journal of the Acoustical Society of America, 1953, 25(3): 553-565.

[2] 魏荣爵, 吴宗森. 悬浮液中的声速测量与悬浮粒子压缩系数的计算 [J]. 声学学报, 1964, 1(2): 69-75.

[3] 唐应吾. 声波在悬浮液中的吸收 [J]. 中山大学学报 (自然科学报), 1977, (4): 52-59.

[4] 唐应吾, 许云先. 声波在浓悬浮液中的传播 [J]. 声学学报, 1983, 8(4): 221-226.

[5] 魏荣爵, 张淑仪. 超声波在悬浮液 (水) 中的吸收 [J]. 中国物理学报, 1965, 21(5): 1061-1073.

[6] Holmes A K, Challis R E, Wedlock D J. A Wide Bandwidth Study of Ultrasound Velocity and Attenuation in Suspensions: Comparison of Theory with Experimental Measurements [J]. Journal of Colloid and Interface Science, 1993, 2(156): 261-268.

[7] 孙承维, 魏墨盦. 高浓度悬浮液声学特性的探讨 [J]. 声学技术, 1983, (1): 1-6.

[8] Harker A H, Temple J A G. Velocity and attenuation of ultrasound in suspensions of particles in fluids[J]. J. Phys. D: Appl. Phys. , 1988, 21: 1576-1588.

[9] Okubo H, Nishizawa K, Okusu T, et al. Partial Discharge Detection Techniques under the Condition of Metallic Particle Adhering to Solid Spacer in SF_6[C]. Electrical Insulation and Dielectric Phenomena, Annual Report Conference on, 2008, 395-399.

[10] Pilzecker P, Baumbach J I, Trindade E. On-site investigations of gas insulated substations using ion mobility spectrometry for remote sensing of SF_6 decomposition[C]. IEEE International Symposium on Electrical Insulation, Anaheim, USA, 2000, 400-403.

[11] Jabiri Z N. Reducing SF_6 Emission from HV Circuit Breakers-A Life Cy-

cle Approach[C]. Power and Energy Engineering Conference (APPEEC), Asia-Pacific, 2010, 28-31.

[12] Sauers I. Sensitive Detection of By-Products Formed in Electrically Discharged Sulfur Hexafluoride[C]. China International Conference on Electrical Distribution, 2008, 1-12.

[13] Bullister J L, Wisegarver D P, Menzia F A. The solubility of sulfur hexafluoride in water and seawater[J]. Deep-Sea Research Part I: Oceanographic Research Papers, 2002, 49(1): 175-187.

[14] Burgess A B, Grainger R G, Dudhia A, et al. MIPAS measurement of sulphur hexafluoride (SF_6) [J]. Geophysical Research Letters, 2004, 31(5): 1-4.

[15] Irawan R, Scelsi G B, Woolsey G A. Optical sensor for monitoring SF_6 dissociation in high-voltage switchgear[C]. The International Society for Optical Engineering, 2000, 4074: 175-183.

[16] Leach M J, Shinn J H, Leif R, et al. Urban near-field Dispersion[C]. 84th American Meteorological Society (AMS) Annual Meeting, 2004, 457-459.

第三篇

应 用 部 分

第 4 章　微量六氟化硫浓度超声检测的应用

4.1　引　　言

在石油、化工、冶金、电力、医药等行业中，都要求对各种气体介质进行计量和控制，这对保证产品质量、节省能源、降低原材料消耗和加强经济核算有着重要意义。在某些情况下，常常需要对混合气中某种气体的浓度进行测量，若其在混合气中的比例过高，则会给家庭、工业生产甚至国家造成巨大损失。目前，气体浓度的快速检测技术发展很快，检测方法也根据被测气体性质、实际检测条件、检测精度的差别而有所不同。但如何针对具体的应用环境，选用节能、无二次污染的原理方法设计检测设备仍是急需解决的热点问题。

超声气体浓度检测近些年来越来越受到社会的重视。超声气体浓度检测的主要原理是利用超声在不同浓度的气体中的传播速度的不同提出的，而气体浓度可以根据气体状态方程求出，因此只要测量出超声在气体中的传播速度就可以得出气体密度。目前检测声速的主要方法是传播时间差检测法，由于此原理为检测超声在给定的一个距离下的传播时间，得出超声的传播速度，从而根据超声气体浓度检测原理得到浓度。此项技术已经运用到多种场合来检测定量的特定气体浓度的领域。此外，由于检测现场的复杂性以及对安装简易性的要求，无线传感技术在气体浓度检测领域已经应用得相当广泛。

本书基于前述的二元流体中声波传播的理论研究基础，针对两种典型的二元混合气体进行了理论和实验的研究，并在工程上采用时间差分法解决复杂环境中的抗干扰问题，提高检测的精度和稳定性。这两种典型的二元混合气体分别是六氟化硫和空气的混合体、氢气和空气的混合体。之所以说这两种二元混合气体是典型的，一方面通常的二元混合气体检测都是以空气为背景的；另一方面六氟化硫的相对分子质量远大于空气的相对分子质量，而氢气的相对分子质量远小于空气的相对分子质量，并且，六氟化硫和氢气在电力、工业生产等场合应用广泛，对它们的检测有较好的应用价值。由于六氟化硫气体在电力设备中有广泛的应用，并且对六氟化硫泄漏在大气中的浓度有强制性的检测要求，因此本书针对六氟化硫浓度的检测，研究开发了六氟化硫浓度的超声检测系统，并开发了集散式、集中式、无线传感网络等形式的一系列检测系统。

4.2　六氟化硫浓度超声检测研究

近年来，城市地铁、电气化铁路以及工作环境复杂的地下、冻土、沿海及潮湿等恶劣环境和冶金、石化等行业对输配电设备提出了新需求，要求输配电设备具备体积小、重量轻、可靠性高、抗震性好、受环境影响小、对环境不造成污染等特点。由于六氟化硫气体输配电设备正好具备其中的多数特点，因此六氟化硫断路器、高压同轴电缆、气体绝缘组合开关柜 (GIS) 和变压器等设备得到高速发展。但六氟化硫气体被电击后的分解物具有高活性、高腐蚀性和高毒性，并且六氟化硫本身是最有效的温室气体[1]，因此，六氟化硫一旦出现泄漏就会对电力安全、现场工作人员及大气环境造成极大危害。

六氟化硫的检测方法有气相色谱法、导热系数法、电子漂移法、光干涉法、高压放电法、红外线吸收法、电化学法、热导法、超声法等。气相色谱法、导热系数法、电子漂移法、光干涉法因成本及复杂度等问题阻碍了其在 GIS 室内六氟化硫泄漏检测领域的推广。而高压放电法、红外线吸收法、电化学法、热导法等虽然能够构成系统进行检测，但不同程度存在寿命短、稳定性差、有二次污染、检测精度低或无核心技术的知识产权等不足[2]。超声法是利用超声在不同的介质中传播速度也不同的特性来检测六氟化硫的含量，精度高、稳定性好，由于是物理的非侵入式测量方法，所以不存在二次污染。

本书作者带领课题组多年来致力于六氟化硫超声检测系统的研究，并取得了丰硕的成果。从最初的六氟化硫超声检测集散式系统到如今的六氟化硫超声检测集中式系统的研制，六氟化硫超声检测系统在不断更新，系统性能也在不断完善与提高。早期采用的集散式构建方式是一个检测点一只检测器，具有集中管理、分散控制、检测精度高等优点。但是随着电力电压等级的不断升高、变电站 GIS 室规模的不断扩大及六氟化硫检测系统应用领域的拓展 (如发电站)，致使检测点数不断增加，系统规模不断增大。由于系统的成本很大程度上取决于检测器的成本，所以，检测点数的增加直接导致了系统成本的增加，使得集散式六氟化硫超声检测系统失去了成本竞争优势。

基于上述状况，课题组研发了一种集中式的六氟化硫检测系统，通过特定的气路及气泵，将各个检测点的气体传送到集中检测器进行检测，使得整个系统只需要一对检测器。实验结果表明该系统不仅能大大地降低装置成本，且检测精度不低于集散式系统，具有良好的竞争优势和应用前景。

4.3 六氟化硫气体超声检测方法和技术手段

媒质的成分、浓度、结构的不同以及外界环境条件 (温度、压力等)

的改变，都会引起超声波的传播速度的改变。尽管有时候声速的变化很小，但在超声检测领域，这种依靠超声波传播速度的变化来检测分析的方法，已得到了广泛的应用。本书的微量异质气体浓度检测的基础理论，就是基于超声的这一特性发展来的。

在使用超声波传播速度检测混合气体浓度的方法中，通过超声波在固定声程中的传播时间差来确定超声波速度，进而根据声速、温度与气体媒质混合比例之间的函数关系推算出气体的浓度的方法是比较常用的[3-7]。但是这种方法的测量精度不高，难以满足电力部门对微量浓度六氟化硫气体的检测要求 (最高报警限 1000×10^{-6}，精度 $<5\%$FS)。

由于本研究所检测的六氟化硫气体是微量的，再加上环境的多变性，能够精确地检测出六氟化硫的浓度是有相当难度的。因此，基于超声检测的方法，本研究发展了时间差分法的检测技术手段，该方法同时采用两个几何参数严格相等的检测通道进行检测，一个通道中的介质是没有异质气体掺入的气体，即参考气体通道；另一个通道中的介质是掺入了微量异质气体的混合气体，即被测气体通道。在驱动端，发射超声换能器被严格同步驱动，在接收端对接收信号进行时域差分。因为两个通道几何参数严格相等，所处环境相同，所以，环境因素对两个通道的影响是相同的，在接收端造成的接收时间不同的唯一影响因素就是流体中的微量异物了。本方法实现简单、抗环境干扰能力强，配合以高速检测电路可以达到较高的精度。根据第 2 章的理论研究可知，在气体中有微量异质气体掺入时，两通道的时间差 Δt 与六氟化硫浓度 x 符合下式关系：

$$\Delta t = \frac{L}{2c_{\mathrm{R}}}\left(\frac{M_{\mathrm{O}}}{M_{\mathrm{R}}} - 1\right)x$$

可以看出，微小浓度时的浓度 x 与微小时差 Δt 近似成正比关系。因此，只要能够通过高速测量电路精确测量两通道的时间差，就可以检测空气中六氟化硫的微量浓度。

4.4 六氟化硫超声检测集散式系统的实现

集散控制系统 (distributed control system) 是以微处理器为基础的对生产过程进行集中监视、操作、管理和分散控制的集中分散控制系统[8]，简称 DCS 系统。集散控制系统是由集中管理部分、分散控制监测部分和通信部分组成，具有通用性强、系统组态灵活、控制功能完善、数据处理方便、显示操作集中、人机界面友好、调试方便、运行安全可靠的特点。本集散式六氟化硫检测系统采用超声和复杂可编程逻辑器件 (CPLD) 技术，将多个变送器挂接在总线上，通过控制器友好的人机界面监视六氟化硫气体浓度水平，实现分散控制，集中管理，具有检测精度高、设备简单、测量的动态范围大、抗干扰能力强的特点。

4.4.1 系统设计

本系统主要由变送器、集中控制器、风机控制器以及通信模块四个单元组成。集中控制器为整个系统的控制中枢，通过 RS485 总线，依照自定义的通信协议，对变送器、风机控制器、LED 显示屏等功能单元进行统一协调控制。变送器是本系统的检测核心，其主要功能是：检测六氟化硫浓度、氧气、温湿度的参数值，并传送给集中控制器和气泵控制。系统的整体结构图如图 4-1 所示。

1. 变送器的设计

六氟化硫变送器是本系统的核心模块，它要完成超声波的发射、接收、处理、时间差分、六氟化硫浓度量化、温湿度检测和通信功能。六氟化硫变送器的设计框图如图 4-2 所示。

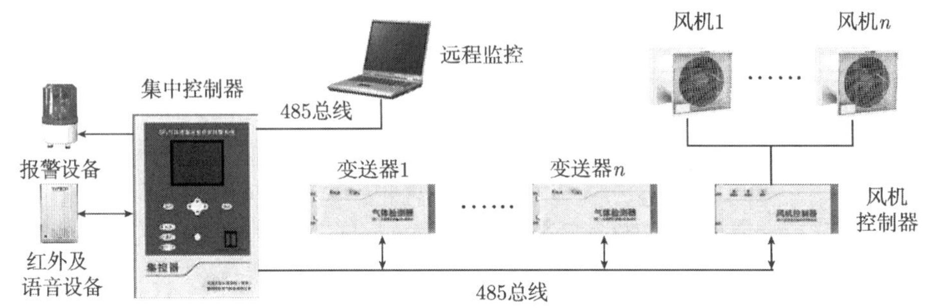

图 4-1　系统整体结构图

图 4-2 中的变送器分为三块：上层为超声驱动与接收电路模块、中间和底层分别为 CPLD 数字信号处理模块、环境参数采集和数据处理通信模块。为了能够进行微量的、快速的检测，高速的处理电路是必不可少的。本研究采用了复杂可编程逻辑器件 (CPLD)[9]。CPLD 在传感器和控制领域中，对处理速度有较高要求的地方有着广泛的应用[10-20]。本研究中的 CPLD 数字信号处理模块完成了超声波信号的产生、产生波信号的时间差分处理、六氟化硫浓度的量化，并与 MCU 进行数据通信。而 MCU 除了从 CPLD 模块取出六氟化硫浓度数据外，还要完成环境参数采集，并与外部设备进行通信。

超声驱动与接收电路模块，根据上文提出的时间差分思想，由两个几何尺寸严格相等的通道组成：参考气体通道和被测气体通道。参考气体通道被放置于检测空间的顶端，而被测气体通道则放置于空间的底部。由于六氟化硫气体密度较大，泄漏后往往聚集于空间底部，因此，被测气体通道中的媒质在有六氟化硫泄漏时是空气和六氟化硫的混合气体，而参考气体通道中的媒质则是现场的空气。检测的过程就是对两个通道媒质中声速对比、计算的过程，通过声速参数的不同而计算出媒质成分的不同。

参考气体
驱
动
被测气体
超声驱动与
接收电路模块
集号调理
CPLD单元
波形发生器
比较器
计数器
分频器
数字相位计
32MHz晶振
频率计
数字滤波
湿度采集
通信模块
温度采集
A/D
转换
MCU
环境参数采
集和数据处
理通信模块
氧气浓度采集

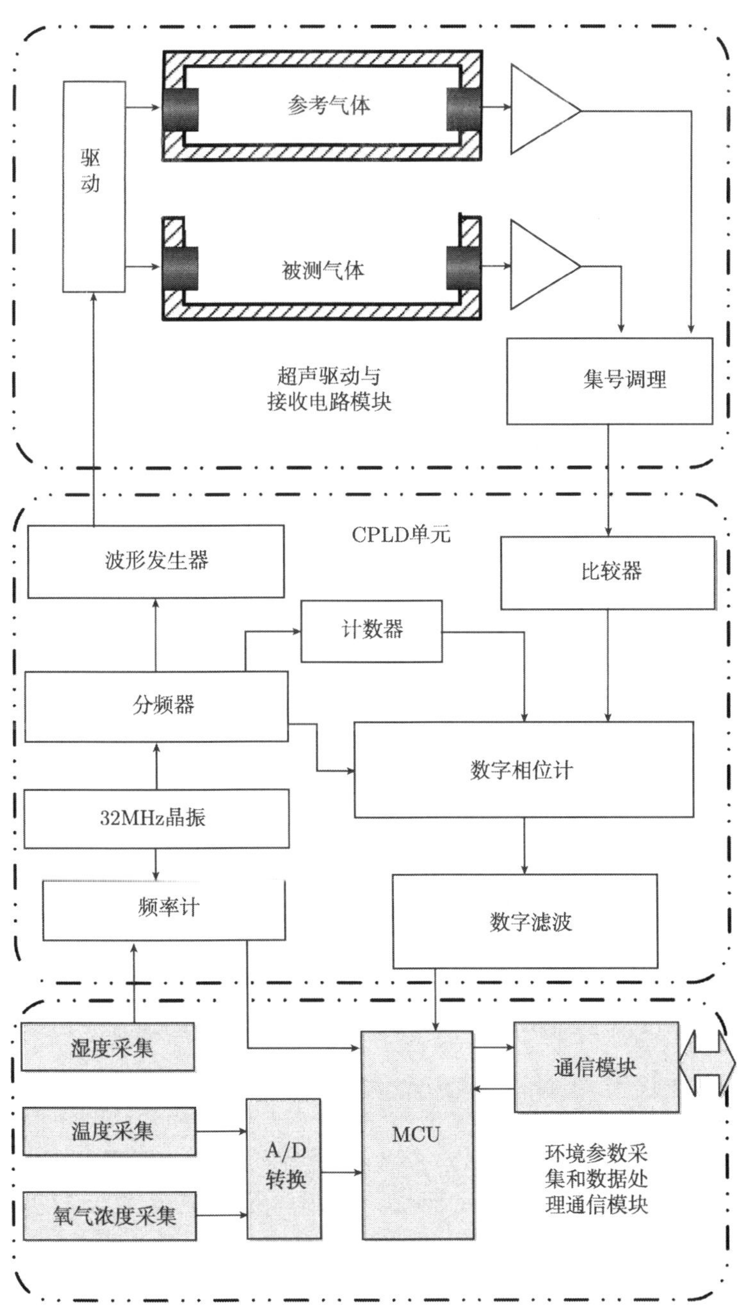

图 4-2 变送器设计框图

2. 集中控制器

集中控制器的主要任务是对测控网络的构建和管理，其结构框图如图 4-3 所示。集中控制器主要由微控制器单元 (MCU)、人机交互 (键盘输入和液晶输出)、总线通信接口、实时时钟、控制输出和语言辅助装置组成，由微控制器单元完成对其他模块的驱动和控制。

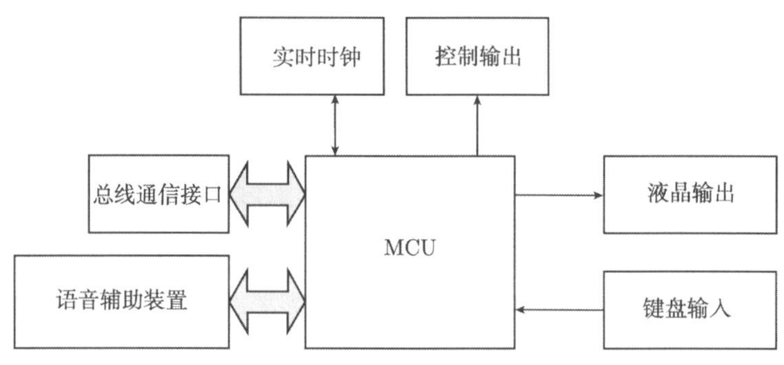

图 4-3 集中控制器设计框图

4.4.2 检测结果分析

1. 系统整体性能评价

经过实际运行，作者团队所研究的气体浓度检测系统与传统的气体浓度检测仪器相比，具有自动化程度高、网络管理方便、人机交互友好等特点。系统采用了超声传感器，使得变送器成本减低、检测精度提高，并且在检测过程中不产生二次污染。但是，随着电力系统输变站规模的扩大，对六氟化硫检测系统的检测点数也有着不断提高的趋势。由于集散式的特点，每个检测点要安装一个变送器，因此，集散式检测系统的总体成本随着检测系统规模的扩大而明显增加。这也是本研究继续开发集中式检测系统的动因。

2. 主要技术指标

本团队研发的六氟化硫检测仪，经实际检测，主要技术指标见表 4-1。

表 4-1 系统主要技术指标

指标	参数
六氟化硫气体浓度测量范围	100～2000μV/V
六氟化硫气体浓度报警点	1000μV/V(100～2000μV/V 范围内可设置)
六氟化硫气体检测灵敏度	50μV/V
氧气浓度检测范围	0～30%
缺氧报警点	18%(0～30%范围内可设置)
氧气测量精度	<0.4%, 氧气在 20.9%时
温度显示范围	−55 ～ +150°C
湿度显示范围	0～99%RH
检测模式	用户可自行设定
工作电源	AC/DC 100～265V
功耗	集控器 <15W, 检测器、风机控制器 <5W
报警输出接点电流	2A
风机控制器	脉冲型 (可分别控制四路风机，接点电流 2A)
风机通风时间设定	15min/次或 30min/次 (每日定时自动启动一次)
数据记录时间	10 年
通信方式	RS485 总线方式
通信规约	通用电力通信规约
绝缘性能	外壳与电源间：>10MΩ
抗电强度 (外壳与电源间)	>2000V
电磁兼容特性	电快速瞬变脉冲群 GB/T 17626.4—1998 3 级
雷击 (浪涌)	GB/T 17626.5—1999 3 级

4.5 六氟化硫超声检测集中式系统的实现

4.5.1 系统设计

为了完善集散式在运行中暴露出的技术问题，满足用户新的需求，本团队在集散式的基础上研发了六氟化硫超声检测集中式系统。本系统主要由集中控制器、集中检测器、风机控制器、气路选择器四个单元组成。集中控制器为整个系统的控制中枢，通过 RS485 总线，依照自定义的通信协议，对集中检测器、气路选择器、风机控制器、LED 显示屏等功能单元进行统一协调控制。集中检测器是本系统的检测核心，其主要功能是：检测六氟化硫浓度、氧气、温湿度的参数值，并传送给集中控制器和气泵控制。系统根据用户不同需要，提供了 RS485 和无线数据传输两种通信方式。

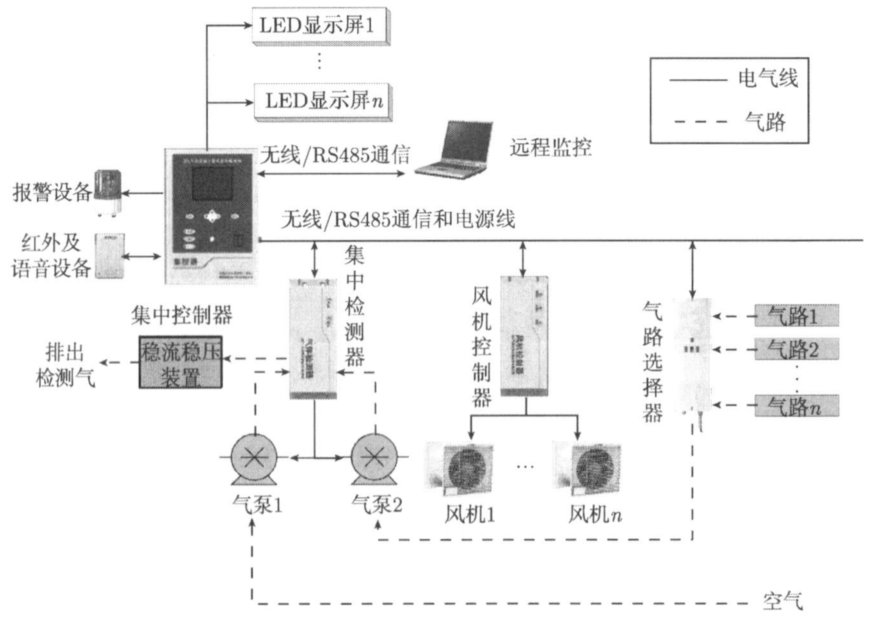

图 4-4 系统整体结构图

系统的整体结构图如图 4-4 所示，图中实线表示电源和通信线，虚线表示气路流通路径[21,22]。

1. 集中控制器

集中控制器主要用于协调和控制其他各个单元的工作，主要包括五种功能：一是采用 RS485 有效实现与集中检测器、风机控制器和气路选择器通信，控制各下位机按照合理的工作流程准确高效地运行，同时考虑到集中控制器和集中检测器之间通信数据量较大并且布线较远，因此在与集中检测器之间实现无线通信。二是准确地接收集中检测器传送过来的检测数据，并按相应的算法计算出相应的六氟化硫、氧气等参数值，并判断六氟化硫和氧气是否超过报警限[2-27]。若超限，则作出实时智能的报警处理，如鸣笛、启动风机对现场进行强制通风处理等，同时将实时采集的数据和报警数据存进 EEPROM，供用户查询，以便了解现场参数的整体走向。三是具有友好的人机交互装置，用户不仅可以随时对实时检测数据、历史和报警数据、系统重要参数等进行查询，还可以根据用户实际需要对重要的系统参数如六氟化硫和氧气报警限等进行设置。四是配置人体红外感应器，当感应到人体靠近时，启动语音提示现场状况，保证人员安全进入。五是在每个入口安装 LED 显示屏，同时配置进出红外装置和语音系统，当检测到人进入现场时，LED 显示屏滚动高亮显示现场六氟化硫、氧气等参数值，并语音提示现场安全状况，同时强制启动风机，进一步保障进入者的安全[28-30]。

集中控制器的功能设计框图如图 4-5 所示，主要包括控制输出 (如手动风机的开关控制)、键盘和液晶组成的人机交互、红外感应/语音提示报警装置、实时时钟、通信接口、外部 EEPROM 存储和 LED 显示屏等功能模块。

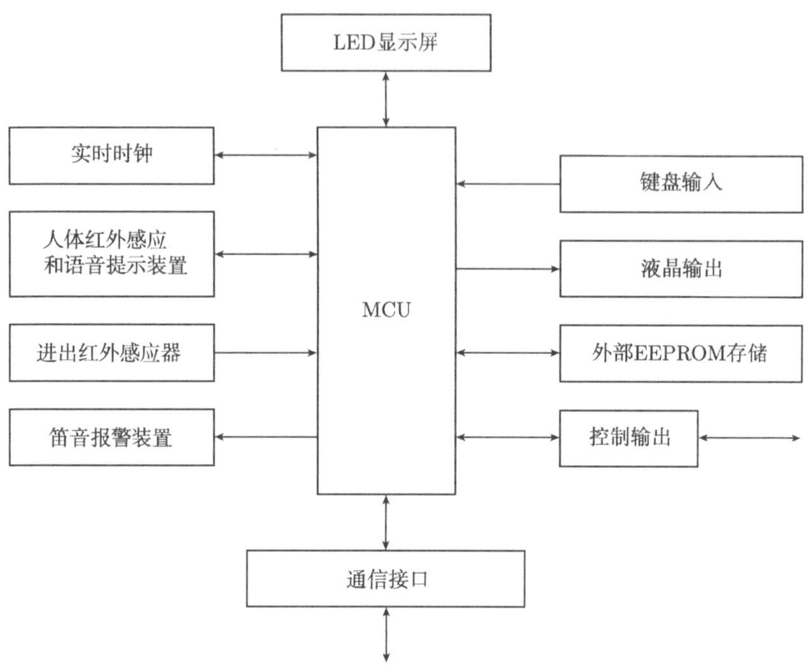

图 4-5　集中控制器功能设计框图

2. **集中检测器**

集中检测器是本系统的检测核心，其功能结构图如图 4-6 所示。

集中式系统所用的六氟化硫传感器与集散式原理相同。这一原理是基于当气体材料的成分、浓度不同以及外界环境条件如温度、压力等情况变化时，在其中传播的超声波的声速会发生改变这一特性进行检测的[31-35]。所用方法也和集散式相同，都是时间差分法。

在集散式六氟化硫检测系统中，时间差的求取采用的是相位检测技术，最大检测范围只能达到一个周期，在实际应用中经常出现超限的现象。为了解决这一问题，本系统对其进行了改进，采用同时检测周期和相位的方法，有效地避免了超限现象的出现，实现了对六氟化硫气体浓度的精确定量检测[36,37]。

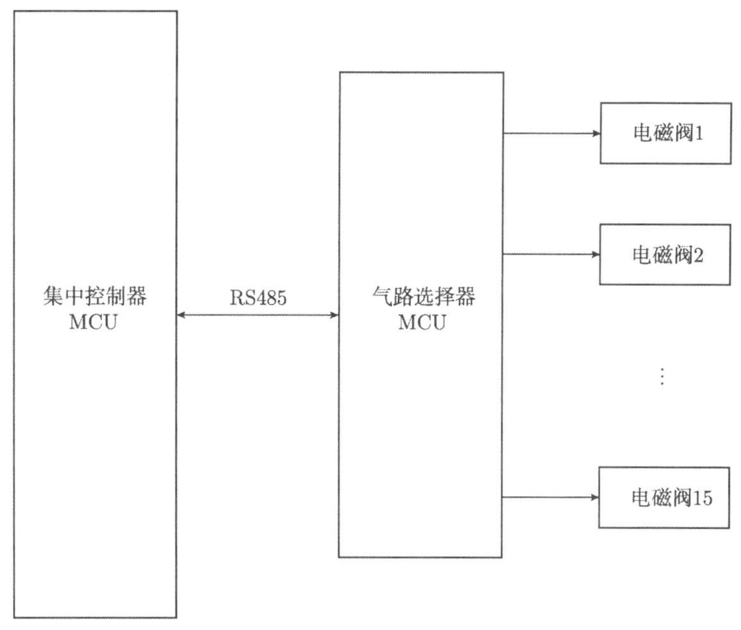

图 4-6 集中检测器功能结构图

另外，集中检测器中还集成了氧气、温度和湿度传感器，可以提供全面的环境信息。温度传感器和氧气传感器选用电压输出的传感器，其输出的模拟量通过 A/D 转换芯片转换为数字量，而湿度传感器选用频率输出的电容传感器，这样由于其输出为频率信号，可直接输入 CPLD 进行精确测量、处理和传输[38-40]。

3. 气路选择器

本单元主要由微控制器和电磁阀组构成，微控制器通过接收集中控制器发送的命令控制各电磁阀的开启或关闭，以控制相应气路的开关。气路选择器的设计采用了模块化思想，共分成 15 口、10 口、5 口三种气路选择器模块，因此，如果用户有扩展检测点需要的话，只需要增加相应数量的选择器模块并做简单设置就可以投入使用，而不需要较大的系统更新，进而大大缩减了扩展的潜在成本和周期。由于采用了集中式的检测模式，因此每个检测点的待测气体都要用气泵经相应的气路抽到集中检测器中进行检测。气路选择器单元的原理框图如图 4-7 所示。

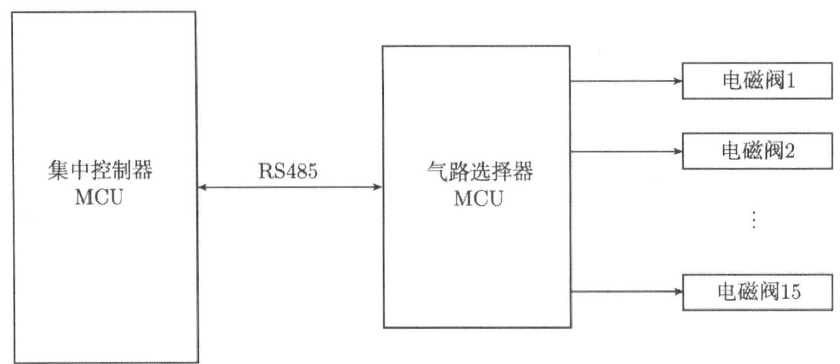

图 4-7 气路选择器原理框图

4. 集中控制器软件设计

集中控制器是整个系统的控制中枢，系统所有模块的工作都要在它的控制下完成，因此，它的软件实现也就相对最复杂，主要包括八个方面：一是控制集中检测器、风机控制器和气路选择器三个下位机的正常工作；二是键盘响应程序和液晶菜单设计，以完成对重要数据的查询和对重要参数的设置；三是将系统重要参数存入内部 EEPROM；四是将历史数据和报警数据存入外部 EEPROM；五是自动和手动风机控制程序及风机的分区控制；六是当人员走近集中控制器时，人体红外感应器感应到之后，便启动语音提示；七是接收到人体红外的感应信号时，LED 显示屏滚动显示现场状况，语音提示现场参数；八是进出红外感应器判断是否有人进入现场，若有，则开启风机做通风处理。

实时时钟管理程序，系统根据用户设定的检测周期和工作模式进行工作，当到了检测时间，集中控制器通过对各个功能单元进行协调控制，逐个完成各测点的检测工作，然后把数据进行汇总、决策，输出相应的显示、控制动作，并完成数据传输。完成一个循环的检测后，即等待下一个检测周期到来。图 4-8 即为集中控制器的主要工作流程。

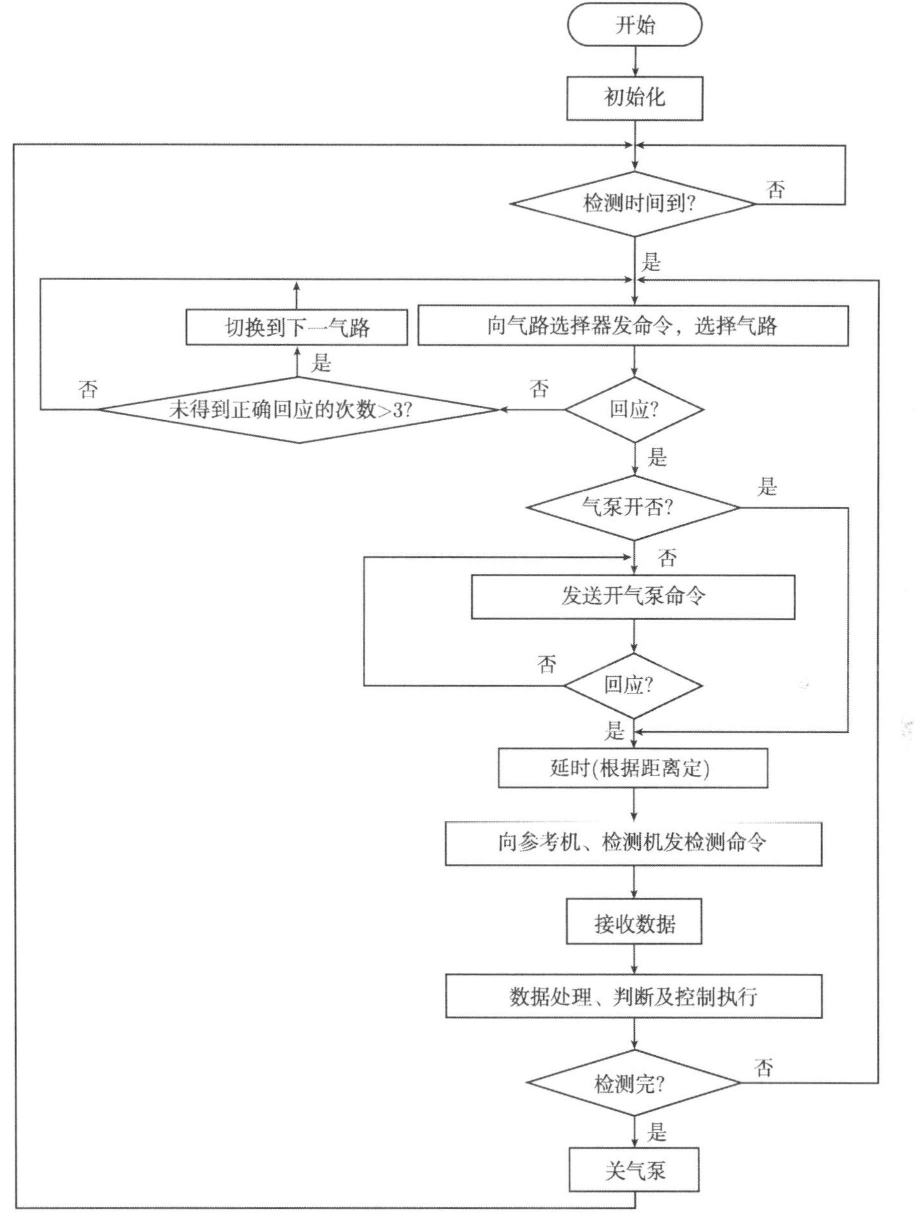

图 4-8　集中控制器的主要工作流程

由于本系统需要显示的数据和设置的参数比较多，因此菜单设计也是比较复杂的。本系统的菜单主要分为三级，具体如图 4-9 所示。在液晶上的显示效果如图 4-10 所示。

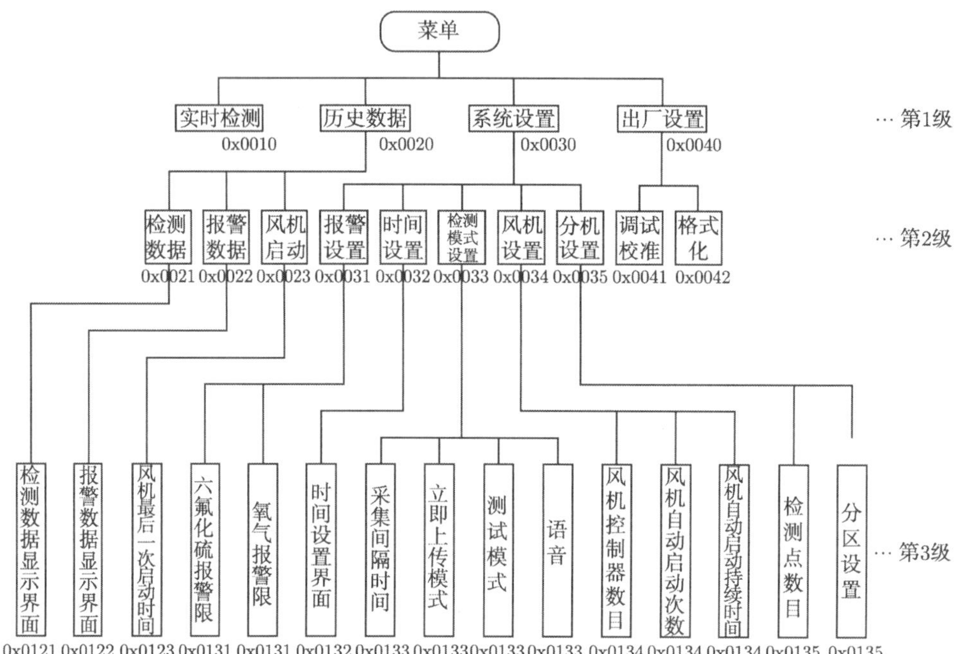

图 4-9　液晶菜单设计

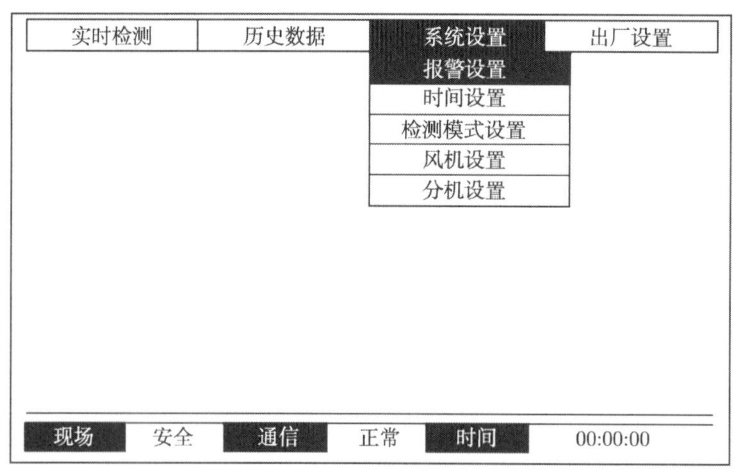

图 4-10　液晶菜单实际效果图

5. 集中检测器软件设计

集中检测器的程序设计主要包括三个方面：第一，在接收到集中控制器的检测命令后，检测各个环境参数，并将检测数据传给集中控制器；第二，若接收到开气泵的命令则执行开气泵的动作；第三，若接收到关气泵的命令则执行关气泵的动作。集中检测器的主流程图如图 4-11 所示。集中检测器与集中控制器之间的数据通信帖格式如表 4-2 所示。

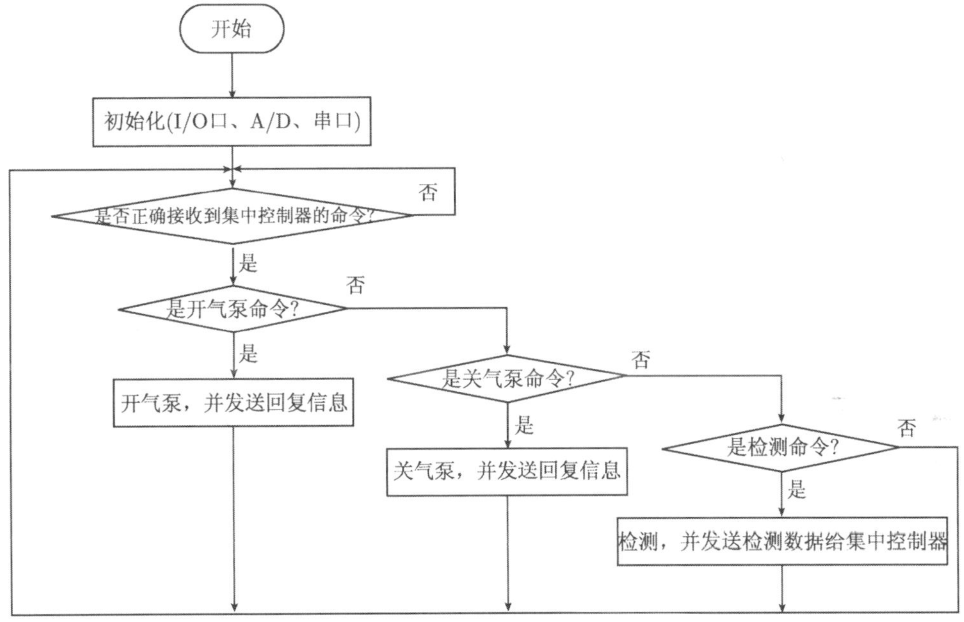

图 4-11 集中检测器主流程

表 4-2 集中检测器向集中控制器传送检测数据帧格式

字节号	0	1	2	3	4	5
内容	分机号	定位码 (0x5A)	SF_6 高八位	SF_6 低八位	温度高八位	温度低八位
字节号	6	7	8	9	10	
内容	湿度高八位	湿度低八位	氧气高八位	氧气低八位	校验码	

本系统 CPLD 最核心的功能就是测量出两通道接收到的超声信号的时间差，此功能是通过半周期数测量、相位差测量和总时间差计算三个

模块来完成的。半周期数和相位差测量模块都是以标准通道接收信号和检测通道接收信号为输入信号，相位差测量模块是以 40MHz 系统时钟为基准来计数的。超声信号时间差测量的示意图如图 4-12 所示。

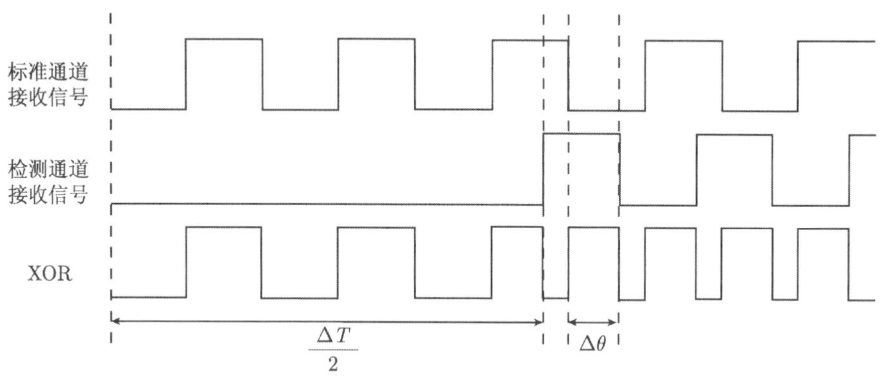

图 4-12　超声信号时间差测量示意图

4.5.2　检测结果分析

本系统是根据市场的需要对集散系统进行的改进系统，在降低成本的同时，有必要保证系统的检测精度。为此，本系统在中国江苏省计量研究院做了计量鉴定。计量鉴定检测平台示意图如图 4-13 所示。

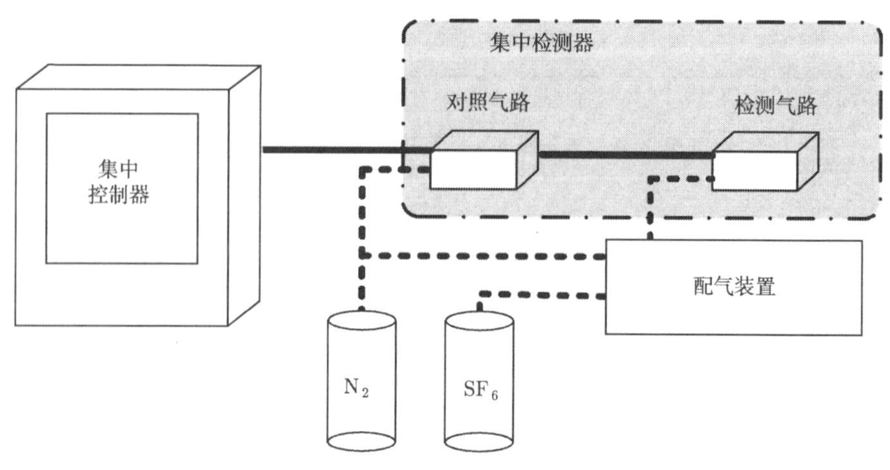

图 4-13　鉴定检测平台示意图

图中配气装置是 MF-4 型配气仪。检测数据如图 4-14 所示。可见构建成为集中式系统后，传感器的检测精度并没有降低，仍然跟理论计算的曲线有很好的一致性。

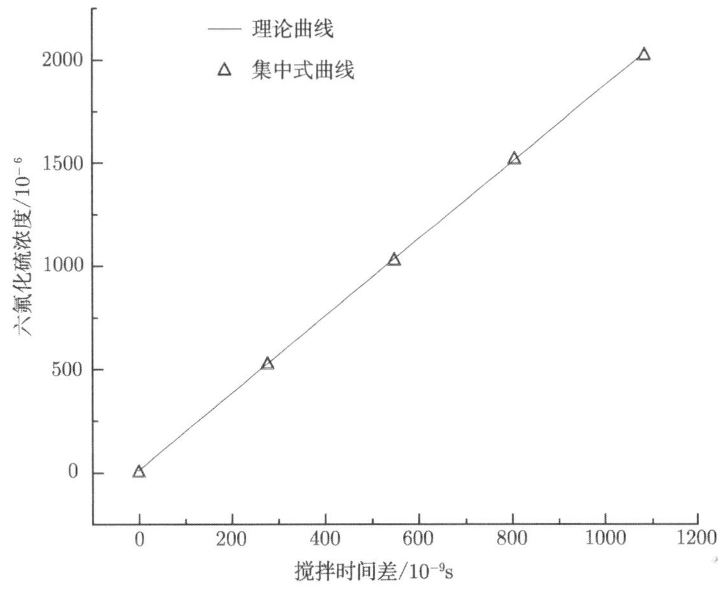

图 4-14 检测数据

在不损失测量精度的同时，根据实际使用时的需要，系统综合实现了多种功能。系统功能及其具体性能参数如表 4-3 所示。

表 4-3 系统主要技术指标实现

功能	参数
六氟化硫检测	精度：优于 50μV/V 范围：50～2500μV/V 报警限：可调
氧气检测	精度：0.1% 范围：0～30% 报警限：可调

续表

功能	参数
温度	精度：0.1℃ 范围：−55 ～ +150℃
湿度	精度：1%RH 范围：0～99%RH
自动/手动风机启动	每天启动次数可配置 工作持续时间可配置 风机最近启动时间可查询
人体红外检测及语言、LED 屏显示提示	红外检测范围：5m
历史数据纪录/查询	纪录长度：5000 组
数据远程传输	通信方式：RS485

4.6 六氟化硫超声检测无线传感器节点设计

随着无线传感网络在检测领域日益广泛的应用，六氟化硫检测的应用中也出现了对施工简便的无线传感网络的需求。基于此，本研究开发了用于无线传感网络的六氟化硫超声检测无线传感器节点。

由于无线传感器节点对功率有严格的要求，因此，对六氟化硫超声检测无线传感器节点设计时没有采用前述的双检测通道的方式，而是采用单检测通道的方式进行检测，以降低节点功耗。为了能够实现时间差分的思想，由微控制器通过计算模拟另外一个参考通道的超声传播时间，然后由计算的时间和检测通道实测的时间进行差分取出时间差，同样也能够实现时间差分测量的思想。在计算参考通道的传播时间时，需要测量环境的温度以确定背景气体中的声速。此设计方法实现的传感器节点通过软件校准的方法减少环境改变对检测精度的影响，实践证明可以对微量的六氟化硫进行检测，但是精度和稳定度比直接双通道检测的六氟化硫超声传感器要低。

4.6.1 系统设计

六氟化硫超声检测无线传感系统结构图如图 4-15 所示，由无线传感器检测网络、无线基站、服务器及监控终端、其他辅助设备等组成。

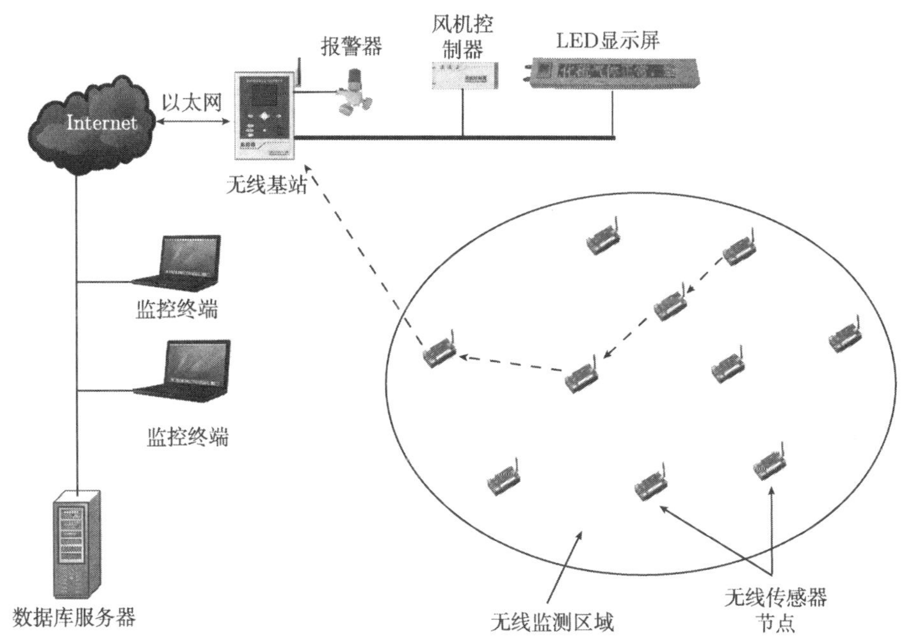

图 4-15 六氟化硫超声检测无线传感系统结构图

4.6.2 无线传感器节点的实现

本研究将六氟化硫浓度检测方法与无线微控制器 CC2430 相结合，开发了气体浓度的无线传感器节点。无线节点的结构框图如图 4-16所示。

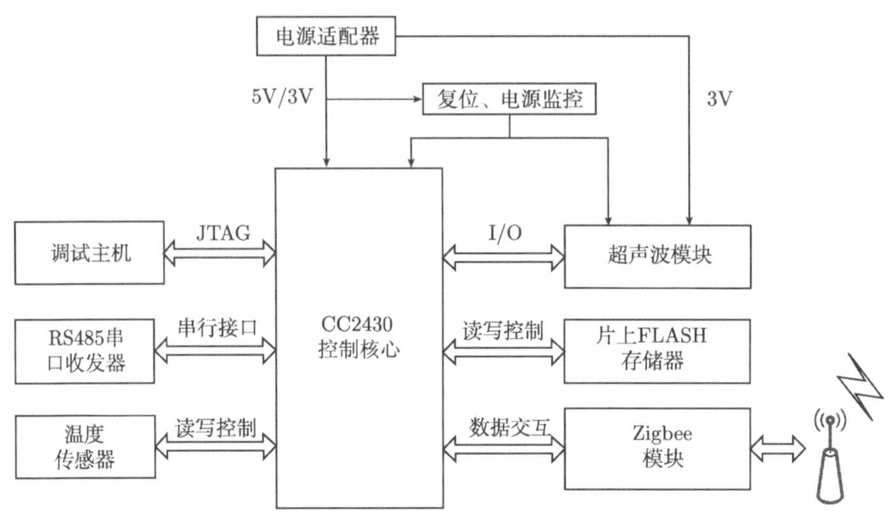

图 4-16 无线传感器节点硬件结构框图

本设计采用 CC2430 作为控制核心，按照图 4-17 所示的测量流程，对混合气体含量进行测量，其中，温度传感器采用 CC2430 自带的高精度温度传感器。由 CC2430 的控制管脚产生 40kHz 的方波，经驱动电路后驱动超声波换能器产生超声波，同时开始计时。超声波传感器接收到

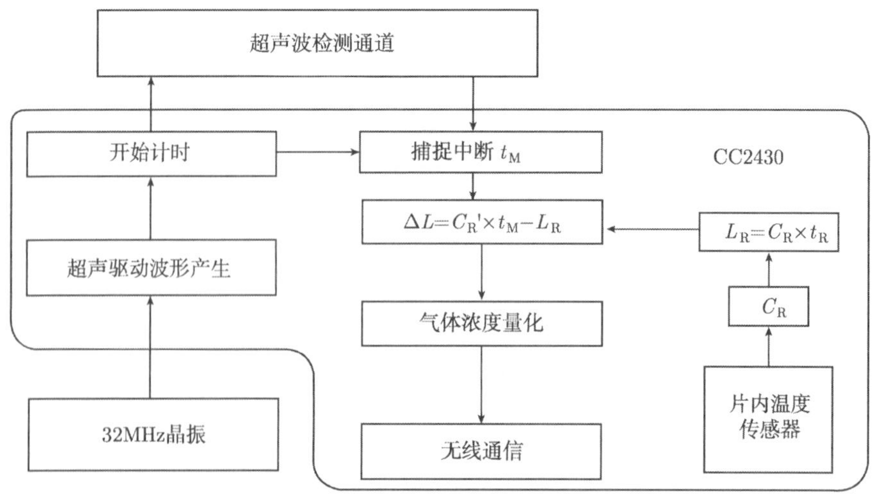

图 4-17 无线传感器节点测量流程

信号后，通过放大、比较处理后的超声波信号被送至 CC2430，供其触发脉冲捕获中断并停止计时，运算得到检测通道的超声传播时间，经过多次测量，滤波处理得到准确的传播时间。系统再测量环境温度 T，由公式计算背景气体的声速及模拟参考通道的超声传播时间。至此，就可以用前述的时间差分法进行六氟化硫浓度的计算。六氟化硫超声检测无线传感节点实物如图 4-18 所示。

图 4-18 六氟化硫超声检测无线传感节点实物图

4.6.3 无线传感器节点的检测结果分析

本书搭建了测试超声气体浓度无线传感器节点有效性的测试平台，试验装置原理图如图 4-19 所示，图中的气瓶 A 中装有被测气体，本实验对空气中六氟化硫的浓度检测做了验证实验。气瓶和一个容积为 40mL 的可全封闭容器通过一个气体流量阀和稳流器相连。将无线传感器节点放置在封闭容器中，由它通过无线的方式，将其检测到的结果发送到容器外的另一个无线接收节点上，再由 RS232 送至计算机查看。

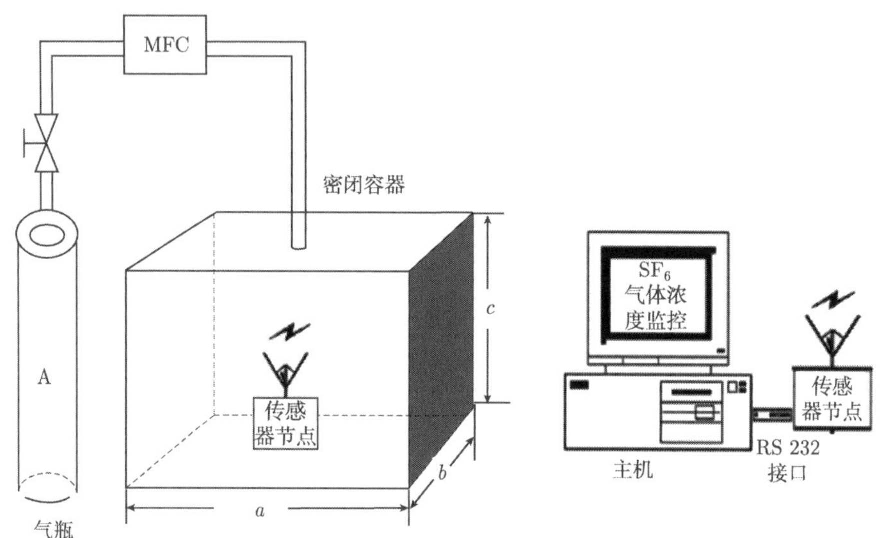

图 4-19　六氟化硫超声检测无线传感器节点测试平台

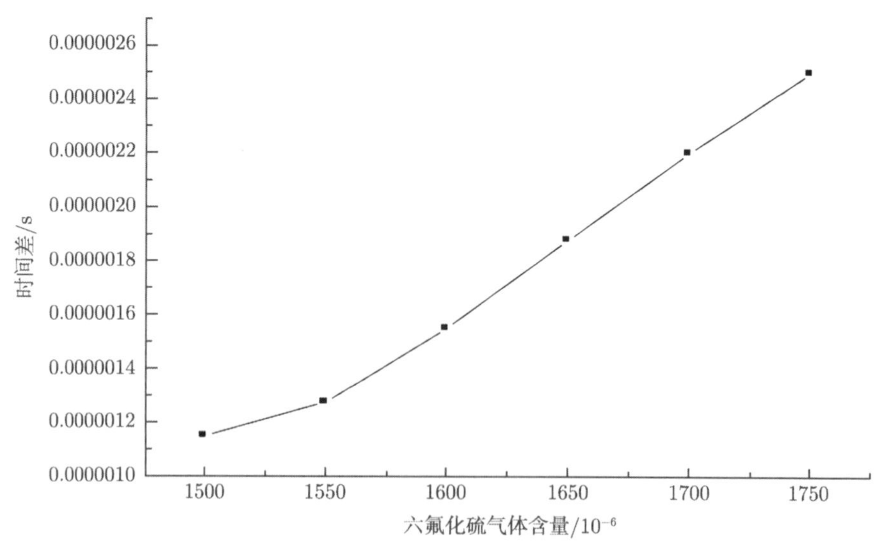

图 4-20　六氟化硫浓度与时间差的关系曲线

通过改变充入的被测气体的体积就可以改变封闭容器中被测气体的浓度，从而得到多组测量数据。检测得到的时间差和六氟化硫浓度的关系曲线如图 4-20 所示。经实验测得，此无线节点对六氟化硫的检测分辨率可达 200μV/V。执行检测时节点的功耗为 90mW。

4.7 本 章 小 结

本章运用第 3 章超声在含异质物流体中传播特性研究的理论与实验结果，围绕实际应用，对六氟化硫气体超声检测方法进行了理论分析与实验研究，提出了六氟化硫超声检测集散式系统、六氟化硫超声检测集中式系统、六氟化硫超声检测无线传感系统三种系统的设计方案，并分别对它们进行了总体设计、硬件设计和性能检测。

参 考 文 献

[1] Löfqvist T, Sokas K, Delsing J. Speed of sound measurements in gas-mixtures at varying composition using an ultrasonic gas flow meter with silicon based transducers[C]. 11th FLOMEKO Conference. Groningen, The Netherlands, 2003, 36.

[2] 周立文. 浅谈集散控制系统 [J]. Friend of Science Amateu, 2008, 11(3): 136-137.

[3] Ackenhusen J G. 实时信号处理 [M]. 北京: 电子工业出版社, 2002.

[4] Yin W W, Huang C W, Liu J B, et al. Application of CPLD in the Permanent Magnet Synchronous Motor Position Sensor[J]. Mechanical and Electrical Engineering Magazine, 2004, 21(1): 42-45.

[5] He Q, Wang J S, Zhao C H. Application of CPLD in the No-contact Displacement Measurement System[J]. Techniques of Automation and Applications, 2004, 23(2): 65-68.

[6] Bai G H, Ma T H. The application of CPLD on low capacitance measuring

circuit for capacitance sensor[J]. Metrology and Measurement Technique, 2005, 32(2): 14-16.

[7] Dong S X, Bai F M, Li J F, et al. A piezoelectric-sound-resonance cavity for hydrogen gas detection[J]. IEEE Transactions on Ultrasonics, Ferroelectrics, and Frequency Control, 2003, 50(9): 1105-1113.

[8] Gu Y, Zhou K Y, Ning C, et al. High-Rangeability Ultrasonic Measurment of Gas Flow[J]. Journal of Data Acquisition and Processing, 2004, 19(3): 356-360.

[9] Li G F, Liu F, Gao Y. Travel time difference method of the ultrasonic flowmeter[J]. Electrical Measurement and Instrumentation, 2000, 3(9): 13-19.

[10] Zhang W P, Yuan X H. Study on X-ray image sensor drive signal source based on complex programmable logic device[J]. Journal of Sensor Technology, 2003, 2: 187-190.

[11] Jin L, Gu J P, Hu M Q, et al. Driving and control for three-degree of freedom spherical piezoelectric ultrasonic motor with cylinder stator[J]. Proceedings of the Chinese Society of Electrical Engineering, 2004, 24(9): 163-166.

[12] Ji P, Lu J C. Bus-mode fire image detecting system based on CPLD[J]. Computer Engineering, 2005, 31(22): 221-222.

[13] Zhang P Z. Flexibility design of the data acquisition in a supersonic detective system[J]. Journal of Test and Measurement Technology, 2005, 19(2): 226-229.

[14] Xia L Y, Li T Y. Application of CPLD in High Speed Data acquisition[C]. Proceedings of the International Symposium on Test and Measurement, 2003, 1: 443-446.

[15] Neamen D A. 电子电路分析与设计 [M]. 赵桂钦, 卜艳萍译. 北京: 电子工业出版社, 2003.

[16] 铃木雅臣. 晶体管电路设计 [M]. 周南生译. 北京: 科学出版社, 2004.

[17] Alexander C K, Sadiku M N O. 电路基础 [M]. 刘巽亮, 倪国强译. 北京: 电

子工业出版社, 2003.

[18] 张盛福, 张鹏. 提高湿敏电容测量精度的方法 [J]. 仪表技术与传感器, 2003, 8: 34-35.

[19] 高美珍. LM35 系列精密温度传感器的原理与应用 [J]. 仪器仪表用户, 2005, 12(1): 114.

[20] 李映颖, 王海军, 孟祥谦. 串行 A 换器 TLC2543 与 51 系列单片机的接口设计 [J]. 仪表技术, 2004, 1: 22-23.

[21] 王诚, 薛小刚, 钟信潮. FPGA/CPLD 设计工具 ——Xilinx ISE 5.x 使用详解 [M]. 北京: 人民邮电出版社, 2003.

[22] Greenough N, DePasquale S, Lafrance D. A Multi-channel Phase Detector using programmable logic devices[C]. Proceedings-Symposium on Fusion Engineering, 2002, 99-102.

[23] Du Q Z, Qin P. Optimal design of linear phase FIR filter based on CPLD[J]. Journal of Northwestern Polytechnical University, 2004, 22(1): 50-53.

[24] Cruz L P S, Campos V P, Silva A M C, et al. A field evaluation of a SO_2 passive sampler in tropical industrial and urban air[J]. Atmospheric Environment, 2004, 38(37): 6425-6429.

[25] Nuclear Instruments and Methods in Physics Research. 1988, A263: 219-234.

[26] 朱昌平, 江福椿, 何德雨, 等. 超声 SF_6 气体超标报警系统中基于 CPLD 数据串行通信的实现 [J]. 工矿自动化, 2005, (5): 26-27.

[27] 张晓花, 朱昌平, 单鸣雷, 等. 基于超声的宽量程微量气体浓度检测仿真研究 [J]. 声学技术, 2008, 27(1): 40-43.

[28] 高清河, 杨向东, 贾国柱, 等. SF_6 在惰性气体中输运性质的理论研究 [J]. 原子与分子物理学报, 2005, 22(4): 769-773.

[29] 肖随贵, 曾惠芳. 远程数据采集系统实现方法 [J]. 计算机工程与设计, 2006, 27(20): 3925-3930.

[30] 李海鸿, 朱元清, 陈蓓. 实时时钟芯片 PCF8563 及其应用 [J]. 国外电子测量技术, 2002, 5: 29-31.

[31] 张旭敏, 魏居锋. 基于电容充放电的湿度测量仪 [J]. 航空计测技术, 2004, 24(6): 47-48.

[32] 邵福, 曾文火. SF_6 智能监控报警系统开发设计 [J]. 华东船舶工业学院学报 (自然科学版), 2005, 19(5): 66-68.

[33] 蔡声镇, 吴允平, 郑志远, 等. 高压变电站室内分布式 SF_6 监测系统的研制 [J]. 仪器仪表学报, 2006, 27(9): 1033-1036.

[34] 李少雄, 王先培, 张爱菊, 等. 基于网络的 SF_6 气体密度检测仪的设计 [J]. 电力系统及其自动化学报, 2006, 18(2): 75-78.

[35] Wen-Tien Tsai. The decomposition products of sulfur-hexafluoride(SF_6): Reviews of environmental and health risk analysis[J] . Journal of Fluorine Chemistry, 2007, 128: 1345-1352.

[36] 王宏, 朱跃. SF_6 气体状态在线监测的实现 [J]. 电力设备, 2005, 6(3): 26-29.

[37] Hauptman P, Hoppe N, Puettmer A. Ultrasonic sensors for process industry[C]. Proceedings of the IEEE Ultrasonics Symposium, 2001: 369-378.

[38] Dervos C T, Vassiliou P. Sulfur hexafluoride (SF_6): global environmental effects and toxic byproduct formation[J]. Journal of the Air and Waste Management Association, 2000, 50(1): 137-141.

[39] Hallewell G, Crawford G, Mcshurley D, et al. A Sonar-Based Technique for the Rationmetric Determination of Binary Gas Mixtures[R]. Nuclear Instruments and Methods in Physics Research, 1988, A263: 219-234.

[40] Joos R N, Muller H, Lindner G. An Ultrasonic Sensor for the Analysis of Binary Gas Mixtures[J]. Sensors and Actuators B, 1993, 15-16: 413-419.

第 5 章　超声水处理系统与检测方法研究

5.1　引　　言

声学技术应用于水污染控制研究始于 20 世纪 90 年代，并取得了令人鼓舞的研究成果：如声处理含油废水可以达到除油的效果，将声与生物酶处理方法相结合可以提高含纤维素等有机物的纺织废水的处理效果。声波水处理主要源于声空化 —— 液体中空腔的形成、振荡、生长、收缩至崩溃，及由此引发的物理、化学变化。液体声空化的过程是集中声场能量并迅即释放的过程。空化泡崩溃时，在极短时间内和在空化泡周围的极小空间内，产生 5000K 以上的高温和大约 5×10^7Pa 的高压，温度变化率高达 10^9K/s，并伴随强烈的冲击波及时速达 400km 的射流或两者同时出现，这就为在一般条件下难以实现或不可能实现的化学反应，提供了一种新的非常特殊的物理环境，开启了新的化学反应通道。在空化泡的表面存在着一层温度和压力都超过临界状态 (647K，22.1MPa) 的界面。在这种状态下，物质的物理性质介于液体和气体之间。超临界流体具有类似气体的良好流动性，同时又远大于气体的密度，这些独特的理化性质尤其能够改变溶质的溶解度和扩散能力，从而促进反应的进行。在临界状态下，废水中所含的有机物被分解成水、二氧化碳等简单无害的小分子。·H 和 ·OH 自由基氧化是目前认可的超声降解有机物的一种途径，声诱导产生的空化泡可以看做一个能释放自由基的微型反应器。

但是长期以来，由于处理效率不高和他人重复困难等原因，超声水处理的相关研究只停留在实验阶段，严重影响了超声水处理的实际应用进程。因此本章进行超声电源的频率参数优化设计、电源与超声水处理反应器间的匹配电路、超声换能器声功率与声空化效应测量方法的研究，为实现超声水处理的大规模应用创造一些条件。

5.2 水处理超声电源电路频率参数优化的研究

在研究功率超声进行废水处理的技术过程中，我们发现影响处理效果的因素很多，其中最需要解决的主要包括两个方面：化学因素和声学参数。很多专家已经对化学因素进行了深入的研究，并得出了反应的动力学规律，但关于声学参数对处理效果的影响，则一直徘徊不前[1-7]。多年来，研究者带领团队在超声水处理方面取得了一定成果[8-10]，在声学参数方面，主要需要考虑的是超声频率和声强，本节将在严格声电条件下，对超声水处理的频率效应及超声电源电路频率参数优化问题开展研究。

5.2.1 水处理超声电源电路频率参数优化的基础实验与理论研究

超声波可以看做一种高频机械波，其波长较短，并且具有能量集中穿透力强的特点。利用超声辐照降解污水中的有机物利用的是超声的声空化效应[11]，声波并不与有机物分子直接作用。超声波空化作用是指存在于液体中的微气核空化泡在声波的作用下振动，当声压达到一定值时发生的生长和崩溃的动力学过程。空化作用一般包括 3 个阶段：空化泡的形成、长大和剧烈的崩溃。这些气泡在超声波纵向传播形成的负压区生长，而在正压区迅速闭合，从而在交替正负压强下受到压缩和拉伸。在气泡被压缩直至崩溃的一瞬间，会产生巨大的瞬时压力，一般可高达几十兆帕至上百兆帕，在这种极端条件下，正常情况下污水中难以反应的有机物转化为小分子的有机物或无机物，从而实现降解。但在现实中，超声在处理废水上受到许多因素的制约，比如废水的初始浓度、废水本身的化学特性、待降解溶液的 pH 等。除此之外，一些声学参数如超声频率、声强、声功率等对降解效果也有重要影响[12-23]。

由于超声空化效应源于空化泡的崩溃，我们用空化泡壁的运动来解释上面的结果。

设一声波 $P_\alpha \sin\omega_\alpha t$ 经过某液体介质时引起空化泡壁振动，其振动方程可用 Rayleigh-Plesset 方程表示：

$$R\left(\frac{\mathrm{d}^2R}{\mathrm{d}t^2}\right)+\frac{3}{2}\left(\frac{\mathrm{d}R}{\mathrm{d}t}\right)^2=\frac{1}{\eta}\left[\left(P_0+\frac{2\sigma}{R_0}\right)\left(\frac{R_0}{R}\right)^{3k}-\frac{2\sigma}{R}-\frac{4\eta}{R}\frac{\mathrm{d}R}{\mathrm{d}t}-P_0-P_\alpha\sin\omega_\alpha t\right] \tag{5-1}$$

式中，k 为多变指数；σ 和 η 分别为表面张力和黏滞系数。相应地，R_0 为空化泡平衡半径。

通过合理的近似，假设空化泡在膨胀 (或压缩) 时，其半径的数值增加 (减少)$3r$，任意时刻空化泡半径由式 $R=R_0+r$ 给出，代入方程 (5-1)，然后按 $\dfrac{1}{R_0}$ 的指数作级数展开，并保留一阶。给出

$$\frac{\mathrm{d}^2r}{\mathrm{d}t^2}=\frac{P_\alpha}{\eta R_0}\sin\omega_a t \tag{5-2}$$

式中，ω_α 为相应的声波的角频率 $(2\pi f_\alpha)$；ω_r 为空化泡共振频率，并由下式给出：

$$\omega_r^2=\frac{1}{\rho R_0^2}\left[3k\left(P_0+\frac{2\sigma}{R_0}\right)-\frac{2\sigma}{R_0}\right]-\left(\frac{2\eta}{\rho R_0^2}\right)^2 \tag{5-3}$$

由解方程 (5-2) 的时间–半径位移量 $(t\text{-}r)$ 以及相关的平衡半径 R_0 的关系，得

$$r=\frac{P_\alpha}{\rho R_0\left(\omega_r^2-\omega_\alpha^2\right)}\left(\sin\omega_\alpha t-\frac{\omega_\alpha}{\omega_r}\sin\omega_r t\right) \tag{5-4}$$

必须认识到很重要的一点，那就是不是所有的空化都能够产生显著的空化效应。只有当声波动频率 f_α 与空化泡固有的共振频率相等时，超声与空化泡耦合的能量将达最大值[24-26]。借助计算机，可利用式 (5-4) 计算并画出空化泡半径随时间变化曲线，同时改变 f_α 可得出不同声波频率下的 (r-t) 曲线 (介质样品为水 ρ =1000kg/m^3，σ =0.076N/m，P_0 = 1.013×10^5Pa，k=1，η 忽略)。

例如：

1. $P_\alpha = 1.013\times10^5$Pa

初始平衡半径 R_0 = 3.15μm，其共振频率为 1.01MHz，在 0.76MHz 和 1.7MHz 声波下通过复杂的机制的作用可稳定地振动几个周期，而在 1.01MHz 声波作用下维持不到两个周期，空化泡就崩溃了，如图 5-1 中曲线 c 所示。

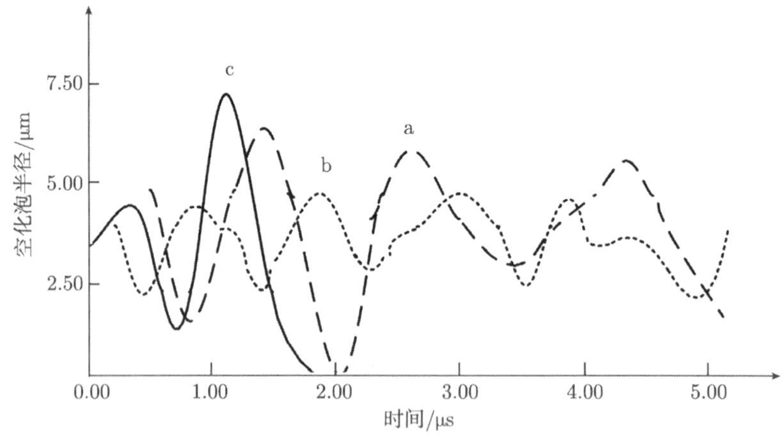

图 5-1 超声作用下的空化泡半径的变化 (例 1)

2. $P_\alpha = 2.5\times10^5$Pa

再以上述三种频率的声波辐射，空化泡在这三种声波下均维持不超过一个周期，如图 5-2 所示。

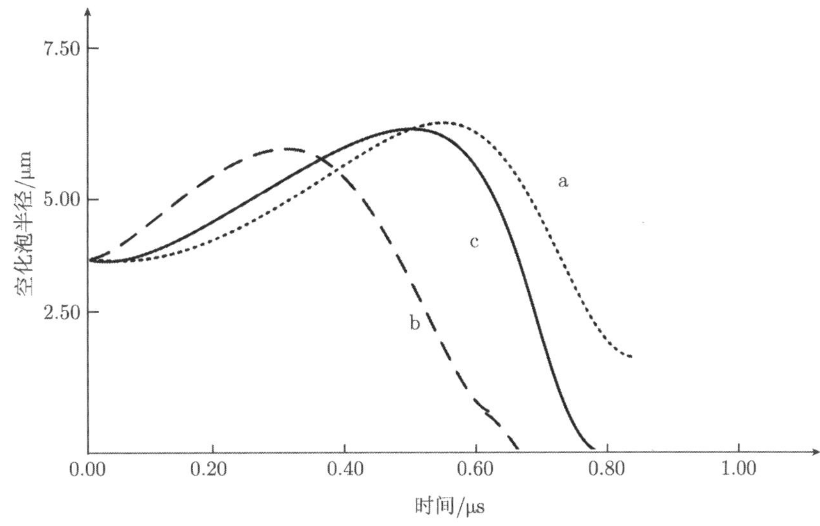

图 5-2 超声作用下的空化泡半径的变化 (例 2)

实际上能够引起或加速化学反应，并使其达到最高效率，不仅有赖于液体高效率的超声波频率的选择，而且有赖于液体中不同共振频率的空化泡数量上的分布。

处于平衡态的液体，由于其与气体、蒸气或蒸气和气体共存的自由交换表面，会含有许多充满空气 [和 (或) 蒸气] 的空化泡。这是那些被液体吸收的气体分子自身在扩散过程中的统计聚集的结果。

空化泡内气体分子的成分有赖于其形成的方式，因而空化泡的体积的大小 (或半径大小) 存在着某种统计分布。最为直接地显示出这种分布的曲线为钟形曲线，为我们所研究的液体的最可几半径值，同时也标示了分布曲线的中心。对于高斯分布的空化泡半径值，我们有 $N(R) = A\exp\left[-\dfrac{(R-R_0)^2}{2\delta^2}\right]$，于是以频率为 $\omega_a^2=\omega_r^2$(ω_r 为初始半径为 R_0 的空化泡的共振频率) 的超声辐照将导致声化学反应达最高产率[27-34]。

Keller 报道了借助于空化泡谱分析仪的实验确定这种分布的实验方法，运用这种方法可得出自来水中最概然分布的半径为 4μm 左右。作者和南京大学冯若恩师及黄金兰师妹共同完成的“用电导率方法研究超声空化频率效应”的实验结果表明：超声频率 0.76MHz、1.0MHz 和 1.7MHz 分别对应于半径为 4.08μm、3.18μm 和 2.0μm 空化泡的共振频率。由这些实验数据，我们得出最符合的高斯方程如下：

$$Y = B\exp\left[-\frac{(R-R_0)^2}{2\delta^2}\right] \tag{5-5}$$

式中，Y 为样品电导率变量；B=3591.53(声强为 3.4W/cm^2)。最可几半径为 17.88μm，R_0 对应 $Y|_{R_0}$ 值的一半，即 $\frac{1}{2}Y|_{R_0}$ 所对应的 R 的半宽度值为 4.17μm，如图 5-3 所示。这个值为 Keller 的实验结果的 4 倍之多，这是由于所测的空化泡半径的类型是不一样的。Keller 的半径为未受干扰的液体，而我们则是与超声声场相互作用后大小重新分布的空

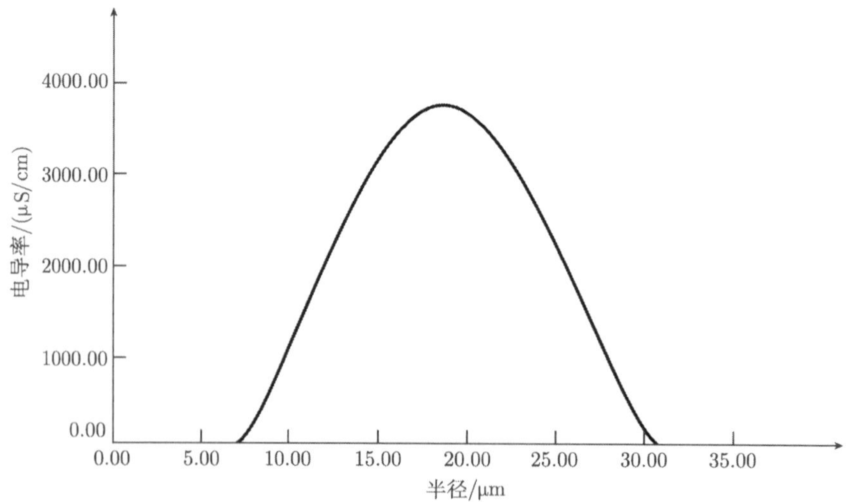

图 5-3　电导率与空化泡半径关系

化泡最可几半径。我们的结果也不同于 Cum 的，因为实验条件不同，如温度、大气的情况这些都导致了空化泡分布的不一致。实验与上述分析显示的高斯气泡分布在实际液体中是可能存在的，于是这就可选择合适的超声频率值，使声化学产率最大[35-45]。

必须强调指出，前面一些报道用到下列式子计算声化学反应效率：

$$\text{声化学效率}=\frac{\text{测得的产量值}}{\text{声功率}}$$

式中，“测得的产量值”指在一定时间内的产量值；“声功率”指每秒内作用在反应物上的能量，我们认为用这个方程描述声化学反应效率是不恰当的。因为只考虑了声功率的影响而忽略了声强的影响。事实上，在一次声化学反应事件中，声功率与声强都起到重要的作用，于是仅用声功率描述声化学效率是不能令人满意的。

为说清这个问题，用两个同频率但辐射面积大小不同 (f=1.02MHz，D_1=1.4cm，D_2=1.0cm) 的换能器。实验方法与上相同，我们测得去离子水的电导率随着声功率的增加而发生变化。使用这两个换能器分别同样辐照了 3min 后，结果如表 5-1 和表 5-2 所示。

表 5-1 f=1.02MHz，辐射直径为 D_1=1.4cm 的实验结果

P/W	6.45	7.40	8.35	9.55	10.50
$\Delta\sigma$ /(μS/cm)	2.19	4.53	5.49	8.24	11.36
δ/(μS/cm)	1.00	0.29	0.44	0.65	0.80

表 5-2 f=1.02MHz，辐射直径为 D_2=1.0cm 的实验结果

P/W	5.52	6.15	7.03	7.70	8.85	9.85
$\Delta\sigma$/ (μS/cm)	1.33	2.77	5.54	7.24	12.01	15.43
δ/(μS/cm)	0.62	0.16	1.02	0.48	1.06	0.99

由上述结果可见在一定声功率下，两换能器辐照所产生的电导率变化是不同的，高声强 (面积小的那一只) 产生了更大的电导率变化。因此比较声化学效率必须是在声功率与声强这两个条件都一致的情况下进行。在我们的整个实验过程中，都确保不同频率的换能器其辐射面积相同。也就是说每当换能器声功率相同时，其声强也相同。这样就保证了在影响空化的所有参数中，仅有频率是可变的，这样才能真正地反映频率对声化学效率的影响。

5.2.2　严格声电条件下超声降解对硝基苯酚的频率效应实验研究

实验使用试剂及仪器：PNP(分析纯)，上海润捷化学试剂有限公司；H_2SO_4(分析纯)，江苏常州朝阳化学试剂厂；精密电子天平，上海精密科学仪器有限公司 (型号：FA1604；精度 0.1mg)；精密 pH 计，上海雷磁仪器厂 (型号：pHS-3C，精度 0.01)；信号发生器，台湾固纬电子 (型号：GFG-3015；频率范围 10mHz～15MHz，幅值可调)；高频功率放大器，T&C Power Conversion, Inc. U.S.A.(型号：AG1016；工作频率为 0.02～6MHz，50Ω 负载时最高输出功率 603W)；数字示波器，泰克科技 (中国) 有限公司 (型号：TDS1012；带宽：DC-100MHz(−3dB)，直流增益误差：±3%，最高取样率：1.0GS/s)；紫外可见分光光度计，北京普析通用仪器有限责任公司 (型号：T6S；波长范围为 190～1100nm，光度范围为 −0.3～3A)；多参数水质测定仪，北京双晖京承电子产品有限公司 (型号：CM-05；测量范围：10～2500mg/L)；数字温度计，北京东方明光电子科技有限公司 (型号：WT-1；测量范围：−50～3000℃)；压电陶瓷声化学反应器，自制，反应器为圆柱形，内径 50mm，内置样品有效容积为 80mL。

实验条件：在整个实验过程中对声学和电学条件进行了严格控制，保证实验中除声频率不同外，其他条件如声功率、声强等严格一致的条件下进行声处理，并通过检测样品吸光度和 COD 值来表征样品的浓度变化。

实验中采用的装置原理图如图 5-4 所示，实验时根据每个声化学反应器的谐振频率设定信号发生器的输出信号频率，将信号发生器输出的幅值为 1V 的正弦波信号输入到高频宽带功率放大器中，通过调节功率放大器的输出功率驱动声化学反应器进行 PNP 溶液的降解。在此过程中，通过数字示波器观测换能器两端的波形情况，其中循环冷却水和数字温度计起到调节和监控反应溶液温度的作用。实验前须先配置 PNP 溶液，利用紫外分光光度计在特征波长为 316.8nm 时检测标准 PNP 溶液的吸光度，用一次曲线拟合可得到 PNP 溶液的浓度–吸光度测量标准校正曲线和公式 (5-6)：

$$C = [0.0159 \times A - 0.000\,14] \times 10 \tag{5-6}$$

式中，C 表示 PNP 溶液的浓度 (单位：g/L)；A 是溶液的吸光度。

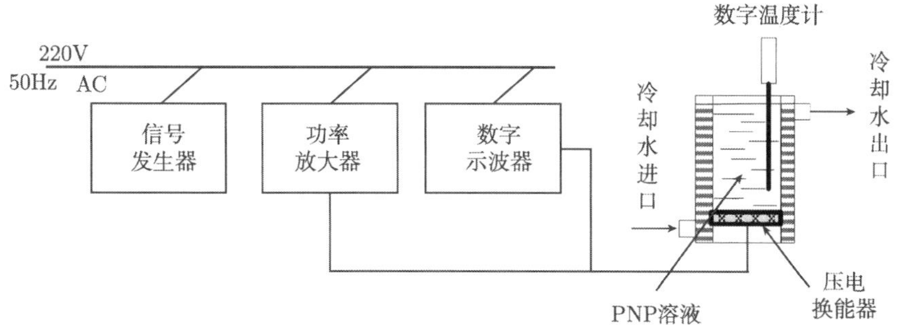

图 5-4 超声降解实验装置原理图

为减少自然光辐射对实验结果的影响，实验过程均在避光条件下进行。在进行降解实验前，先需配置初始浓度为 114mg/L，pH 为 5.4 的 PNP 溶液。实验过程中，取 80mL 初始浓度约为 114mg/L 的 PNP 溶液放入自制的、不同频率的声化学反应器中，调节高频功率放大器的输出电功率，通过匹配调谐后使频率不同的超声波作用 PNP 溶液 60min 后对反应液进行取样装管待测。为满足紫外吸收谱的检测要求，需将取样的样品稀释 10 倍后用紫外分光光度计在特征波长为 316.8nm 时检测 PNP 样品溶液的吸光度，反应在常温下进行。

超声作用后 PNP 样品的浓度可以通过吸光度来表征并通过式(5-7)计算出。图 5-5 和图 5-6 表明，PNP 溶液的吸光度和 COD 值随超声作用时间的延长而降低。实验过程中不同频率的超声降解后对应的 PNP 溶液的浓度见图 5-7。通过式 (5-7) 能计算出溶液中 PNP 的降解率。图 5-8 是溶液降解率变化的线性拟合图。

$$R_{\mathrm{d}}(\%) = 100 \times (C_0 - C)/C_0 \tag{5-7}$$

式中，R_{d} 表示溶液中 PNP 的降解率，C_0 和 C 分别代表超声降解前后溶液中 PNP 的浓度。

图 5-9 是不同频率的超声作用 PNP 溶液 60min 后溶液的 COD 值对比图。从图 5-7 溶液的浓度对比图、图 5-8 溶液的降解率对比图及图 5-9 溶液的 COD 对比图中可以看出，对频率分别为 530.8kHz、610.6kHz、855.0 kHz 以及 1130.0kHz 功率超声降解 PNP 溶液时，随着超声频率的增加，溶液的降解率下降，COD 值增加；从变化趋势可以看出，对相同的声功率，频率为 530.8kHz 降解率最大，频率为 1130.0kHz 降解率最小。

功率超声作用水溶液时，液体中的空化产率在一个最佳频率会达到最大值，在一定的范围内随着频率的增加，空化阈值将增加，超声作用的降解效果将下降。所以，随着超声频率的增加，溶液中 PNP 的降解率等参数变化幅度较大，而在其他范围内则随着频率增加，变化幅度并不明显，甚至超出一定的频率范围后，超声的频率增加对降解效果的贡献微乎其微。

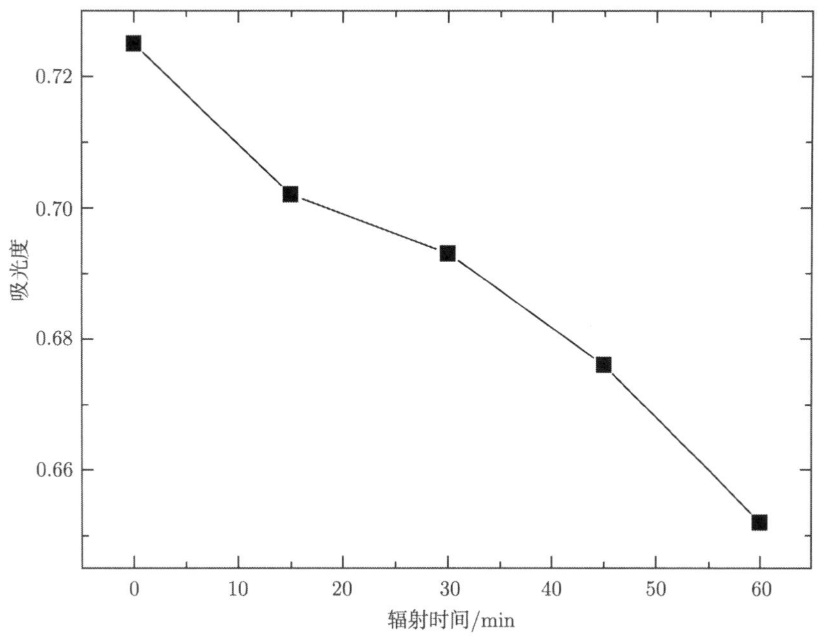

图 5-5 吸光度随超声降解时间变化图

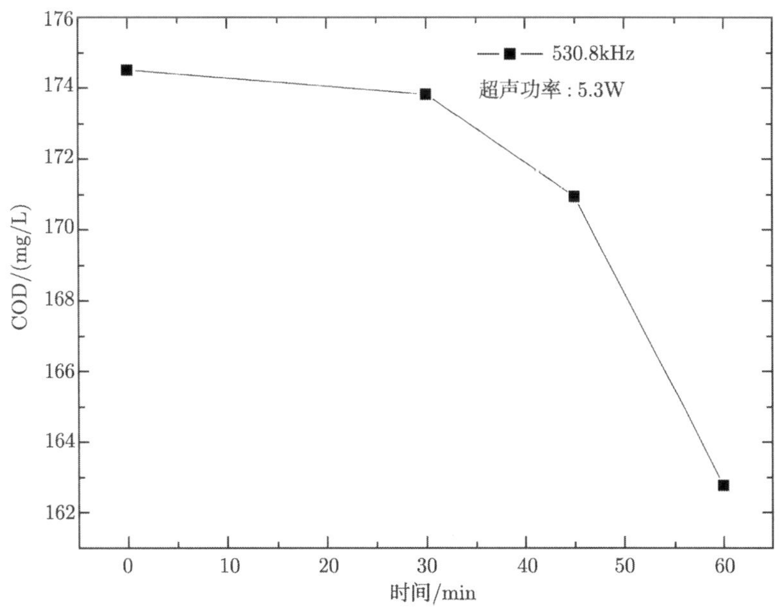

图 5-6 样品的 COD 值随超声降解时间变化图

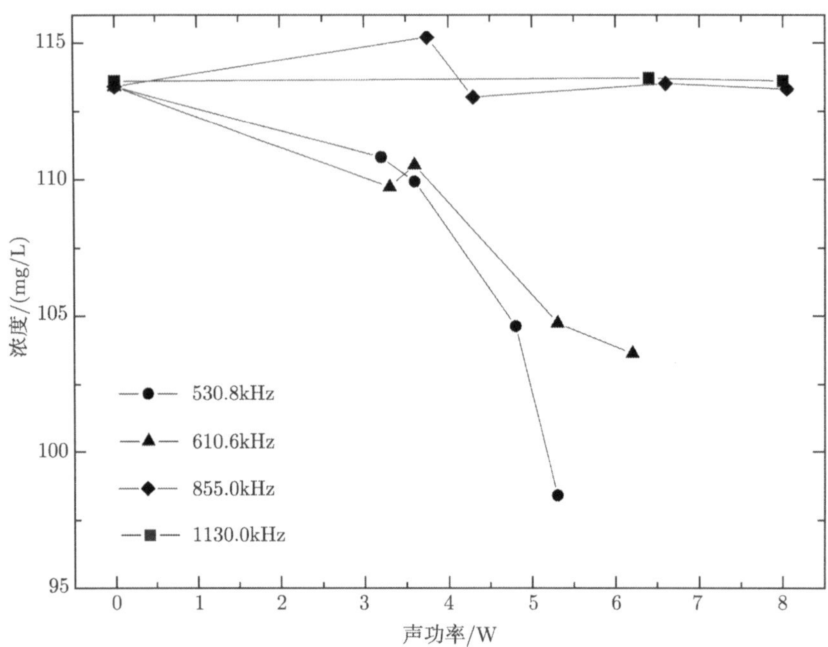

图 5-7　不同频率的 PNP 溶液的浓度随声功率变化图

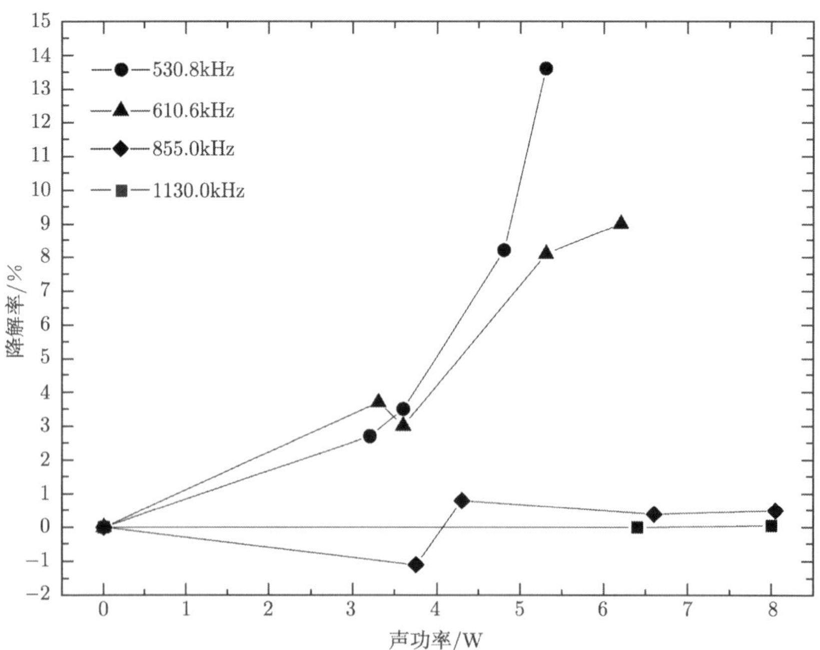

图 5-8　不同频率的超声降解 PNP 溶液的降解率随声功率变化线性拟合图

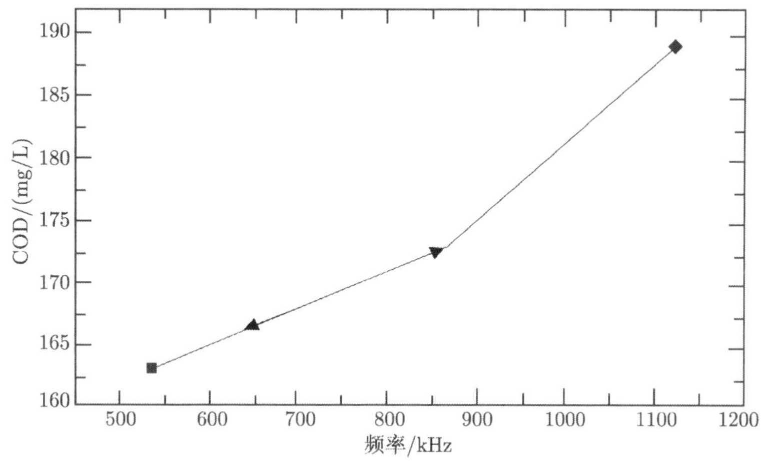

图 5-9 不同频率的超声降解 PNP 溶液后 COD 值对比图

■530.8kHz，5.3W；▲610.6kHz，6.2W；▼855.0kHz，8.1W；♦1130.0kHz，8.0W；作用时间为 60min，pH=5.4

5.2.3 频率参数优化研究小结

通过上述实验可以得出如下结论：

(1) 在利用超声辐射降解 PNP 溶液时，溶液的浓度和 COD 值随超声作用时间和声功率的增加而降低。

(2) 超声作用初始浓度为 114mg/L，pH 为 5.4 的 PNP 溶液时，在超声频率为 530.8~610.6kHz 的范围内，降解率随频率的增加而呈降低趋势，COD 值随频率的增加而呈上升趋势。

(3) 当频率为 530.8kHz，声功率为 5.3W，超声作用 60min 后，初始浓度约为 114mg/L(pH=5.4) 的 PNP 溶液的降解率为 13.6%，而相同条件下，频率为 1130.0kHz 的超声波的降解率只有 0.05%。

(4) 当频率为 530.8kHz，声功率为 5.3W，超声作用 60min 后，初始 COD 值为 174.51mg/L 的 PNP 溶液的 COD 值为 162.78mg/L，而当频率为 1130.0kHz，声功率为 8.0W，超声作用 60min 后，PNP 溶液的 COD 值

为 189.54mg/L。数据对比如表 5-3 所示。

表 5-3 降解率与 COD 值对比表

频率 /kHz	声强 /(W/cm)	作用时间 /min	初始浓度 /(mg/L)	降解率 /%	初始 COD /(mg/L)	降解后 COD /(mg/L)
530.8	0.27	60	114	13.6	174.51	162.78
1130.0	0.41	60	114	0.05	174.51	189.54

实验结果表明，当频率分别为 530.8kHz、610.6kHz、855.0kHz 和 1130.0kHz 的超声波作用初始浓度为 114mg/L，pH 为 5.4 的 PNP 溶液 60min 后，溶液的降解率随声功率 (声强) 和声处理时间的增加而提高，COD 值随声功率 (声强) 和声处理时间的增加而降低。保持声功率、声强等参数严格一致条件下，声频率改变后，溶液的降解率存在明显的频率效应，530.8kHz、610.6kHz、855.0kHz 和 1130.0kHz 四种频率的声处理降解率随声频率的增加而下降，COD 值随频率的增加而上升，这与上面的相关基础研究结论一致。

通过理论与实验研究，水处理超声电源电路频率选择在 20kHz~2 MHz 即可满足水处理的要求，尤其是 200kHz 左右为效应最好的频率，但目前 200kHz 左右的超声电源及系统较少，给超声水处理的研究带来了困难，作者带领团队正在开展满足水处理要求的超声电源及系统的研发，估计一年内能有良好的进展。

5.3 超声功率源的宽带匹配方法研究

换能器是功率超声的核心器件，其阻抗由于频率和结构的不同差别很大，因此要实现功率放大器与超声换能器的最佳匹配，就必须采用宽带阻抗匹配变压器[46-50]。本书利用先进的通信电路原理，对超声电源与超声水处理反应器间匹配的技术进行了探讨。采用传输线变压器实现了宽频率范围内阻抗的匹配变换，并利用智能芯片和继电器控制多个传输变压器的连接方式，实现负载阻抗自适应匹配调整，以满足共轭匹配条件中超声电源输出阻抗与负载阻抗模基本匹配的要求；利用智能芯片和步进电机控制调谐电感磁心在线圈中的位置，自适应调整超声电源负载的相角，以满足共轭匹配条件中超声电源输出阻抗与负载阻抗的相角基本为零的要求。系统设计框图如图 5-10 所示。

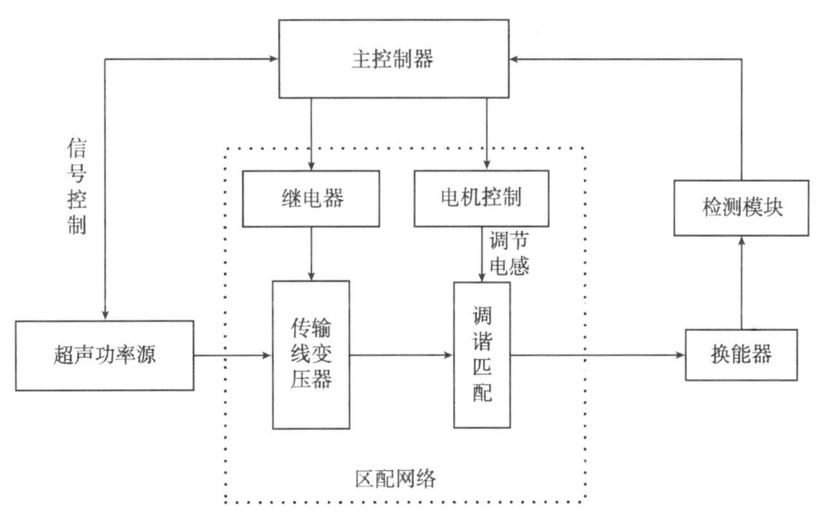

图 5-10 总体设计框图

5.3.1 宽带阻抗匹配方法研究

传统的变压器，适用的频带范围较窄，当频率过高时，会使变压器铁心硅钢片的损耗增加、铁损增加使变压器发热，并且会使线圈中的感抗增加。所以用于高频的变压器必须是要专门设计，由于采用高频磁心的普通变压器利用的是变压器原理，因而由于其分布电容和漏感的作用，使其较难在宽频带范围满足应用要求，所以采用高频磁心的普通变压器作为超声换能器的宽带阻抗匹配网络有许多技术难题要解决。为了能够找到一种易于推广应用的方法，作者开展了传输线变压器代替普通的变压器，解决带宽阻抗匹配问题的研究。

1. 传输线变压器理论

现代通信的发展趋势之一是在宽波段工作范围内能实现自动调谐技术，以便迅速转换工作频率。为满足上述要求，一般可以采用宽带高频功率放大器。最常见的宽带高频功率放大器是利用宽带变压器做耦合电路的放大器。宽带变压器有两种形式：一种是利用普通变压器的原理，只是采用高频磁心，可工作的短波波段；另一种是利用传输线原理与变压器原理二者结合的所谓传输线变压器。

在低频范围内，传统的普通变压器可以实现功率放大器的功率传输和阻抗匹配等问题，它的相对频带范围一般从几十赫兹到一万多赫兹，这种变压器的构造示意图如图 5-11(a) 所示，它是依靠铁心中的公共磁通 φ 将初级线圈 (匝数 N_1) 的能量传输到次级线圈 (匝数 N_2) 中。对于理想变压器来说，应该对于所有频率的能量都能同样传输过去，即通频带应

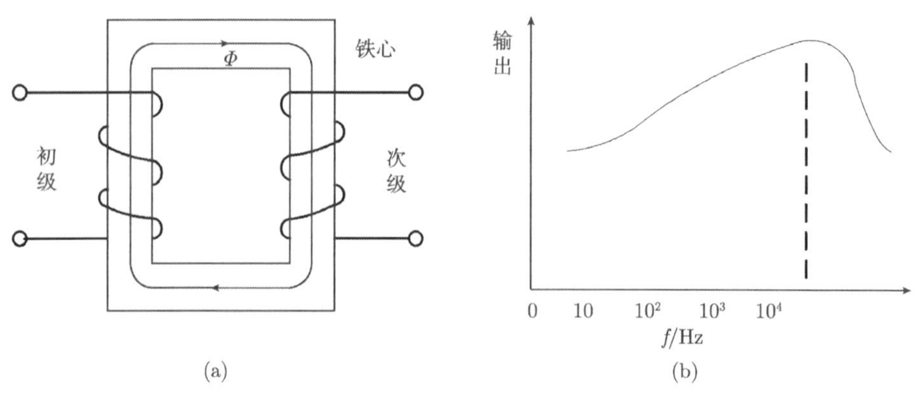

图 5-11　低频变压器及其频率特性

该无限宽。但实际上，变压器的频率特性大致如图 5-11(b) 所示：在中间一段是平坦的，在低频端，由于初级电感不可能为无穷大 (这是理想变压器的条件)，因而频率响应下降；在高频端，则由于线圈漏电感与分布电容的影响，在某一频率可能产生串联谐振，频率响应出现高峰。然后随着频率的升高，它的输出电压因分布电容的旁路作用而迅速下降。因此普通变压器不能用于高频[51,52]。

为了使变压器工作于高频， 并展宽工作频带， 可采取以下几个措施：

(1) 尽量减少线圈的漏感与分布电容。为此，可将初、次级线圈绕在铁氧体做的磁心上，匝数要少，匝间距要大。

(2) 减小磁心的功率损耗，可采用高频铁氧体做磁心。

(3) 为了展宽低频响应，要求初级线圈的电感要大，为此应采用高磁导率磁心，加大环形磁心截面积，适当增加匝数。

由以上可以发现，展宽低频响应与改善高频响应之间是有矛盾的，虽然采用高磁导率磁心可以解决这一矛盾，但磁导率高的磁心，磁心功率损耗较大，因此高磁导率磁心只适合于高频。与此同时，由于高频变压器依然采用的是变压器原理，线圈的漏感与分布电容依然限制它工作到更高频率，而传输线变压器可以克服这个困难。

传输线变压器是一种同时具有传输线和变压器特性的器件，它由两根靠在一起的导线绕制而成，具有宽频带的特点。图 5-12 为一个简单的传输线变压器结构示意图。

传输线变压器既然是传输线原理与变压器原理的结合，那么它的工作也可以分为两种：一种是按传输线方式来工作 (图 5-13)，此时两个线

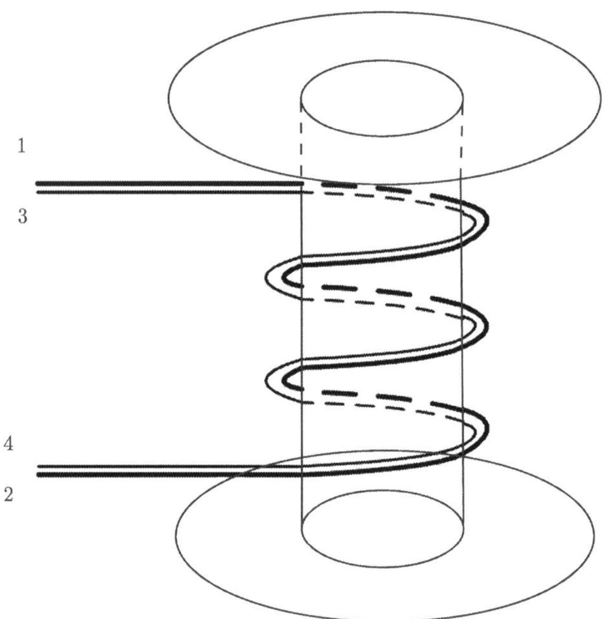

图 5-12　简单的传输线变压器结构示意图

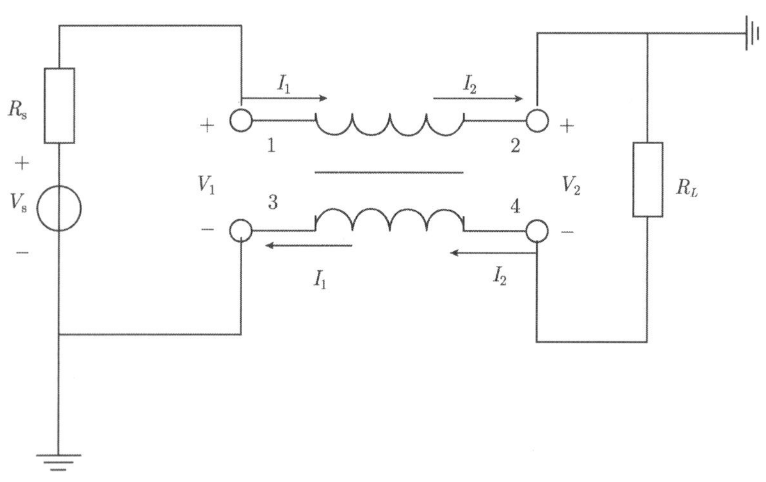

图 5-13　传输线工作方式

圈中的电流大小相等，但是方向相反，同时产生两个大小相等方向相反的磁场，使磁心中的磁场相互抵消，所以在磁心中功率不会损耗；另一种是按变压器方式工作 (图 5-14)，此时线圈中有激磁电流，并在磁心中产生公共磁场，有铁心功率损耗。传输线变压器中通常同时存在着这两种模式，以适应不同的情况。

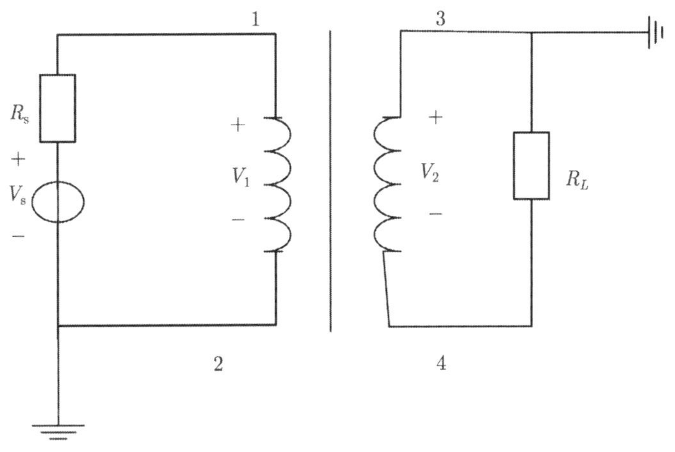

图 5-14 变压器工作方式

由此可见，在高频端和低频端能量在传输线变压器中沿着不同的途径传输，使其在高频和低频时都可以获得很好的特性。利用传输线变压器可以构成阻抗变换器，图 5-15 和图 5-16 分别为 4:1 和 1:4 的阻抗变换

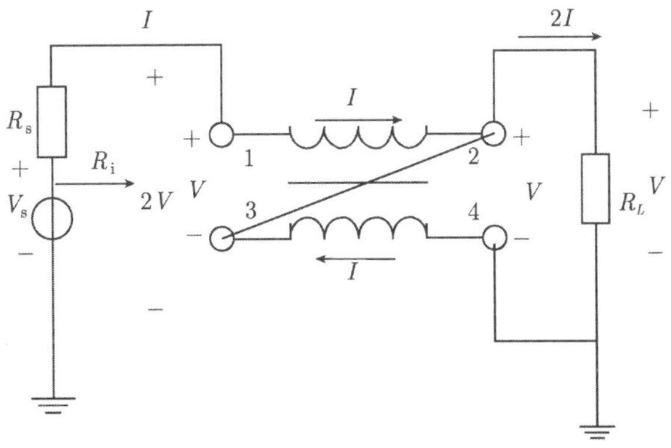

图 5-15 4:1 阻抗的变换

器，图 5-17 表示一典型的阻抗变换器的频率特性的实验结果，由图可以看出，衰减 3dB 的带宽自 200kHz 到 715MHz，可见频带很宽。

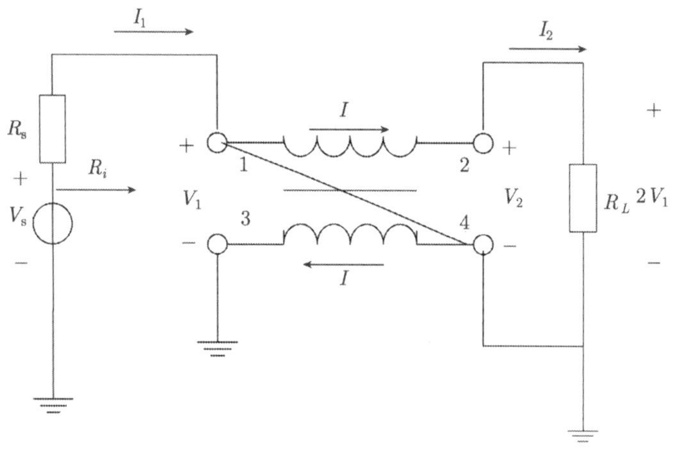

图 5-16　1:4 阻抗的变换

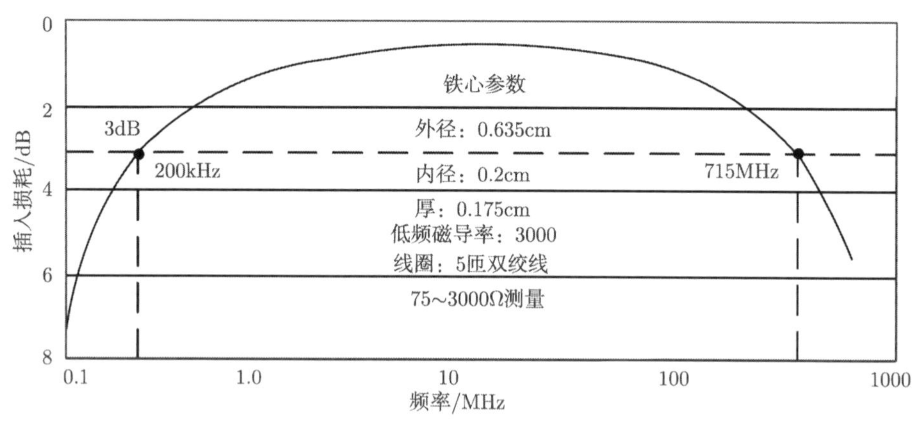

图 5-17　典型 4:1 阻抗变换器的频率特性

对于图 5-16 所示的 1:4 阻抗变换器，根据传输线理论可知 (假设传输线没有损耗，式中 V、I 均为有效值)：

$$V_1 = V_2 \cos \alpha l + \mathrm{j} I_2 Z_c \sin \alpha l \tag{5-8}$$

$$I_1 = I_2\cos\alpha l + \mathrm{j}\frac{V_2}{Z_c}\sin\alpha l \tag{5-9}$$

式中，α 为传输线的相移常数，单位为 rad/m；l 为传输线长度；Z_c 为传输线的特性阻抗。

由图 5-16 可知，1、3 端的输入阻抗为

$$\begin{aligned} Z_i &= \frac{V_1}{I_1 + I_2} = \frac{V_2\cos\alpha l + \mathrm{j}I_2 Z_c\sin\alpha l}{I_2(1+\cos\alpha l) + \mathrm{j}\dfrac{V_2}{Z_c}\sin\alpha l} \\ &= Z_c\frac{\dfrac{V_2}{I_2}\cos\alpha l + \mathrm{j}Z_c\sin\alpha l}{Z_c(1+\cos\alpha l) + \mathrm{j}\dfrac{V_2}{I_1}\sin\alpha l} \end{aligned} \tag{5-10}$$

另一方面，从负载 R_L 两端来看，有

$$\begin{aligned} I_2 R_L &= V_1 + V_2 \\ &= V_2(1+\cos\alpha l) + \mathrm{j}I_2 Z_c\sin\alpha l \end{aligned}$$

即

$$\frac{V_2}{I_2} = \frac{R_L - \mathrm{j}Z_c\sin\alpha l}{1+\cos\alpha l} \tag{5-11}$$

将式 (5-11) 代入式 (5-10) 并化简得

$$Z_i = Z_c\left[\frac{R_L\cos\alpha l + \mathrm{j}Z_c\sin\alpha l}{2Z_c(1+\cos\alpha l) + \mathrm{j}R_L\sin\alpha l}\right] \tag{5-12}$$

当 $\alpha l \to 0$ 时，由上式得 $Z_i = \dfrac{R_L}{4} = R_s$，即此时 Z_i 与电源内阻 R_s 相匹配，传输功率达到最大值。

此外，由图 5-6 也可以列出回路方程：

$$V_s = (I_1 + I_2)R_s + V_1 \tag{5-13}$$

$$V_s = (I_1 + I_2)R_s - V_2 + I_2 R_L \tag{5-14}$$

从式 (5-13)、式 (5-14) 与式 (5-8)、式 (5-9) 诸式中消去 I_1、V_1、V_2，求出 I_2 之值，得

$$I_2 = \frac{V_s(1+\cos\alpha l)}{[R_L\cos\alpha l + 2R_s(1+\cos\alpha l)] + \mathrm{j}\left[\dfrac{R_sR_L+Z_c^2}{Z_c}\right]\sin^2\alpha l} \tag{5-15}$$

因此，输出功率为

$$P_0 = I_{2m}^2R_L = \frac{V_{sm}^2(1+\cos\alpha l)^2R_L}{[R_L\cos\alpha l + 2R_s(1+\cos\alpha l)]^2 + \left[\dfrac{R_sR_L+Z_c}{Z_c}\right]^2\sin^2\alpha l} \tag{5-16}$$

要想输出功率达到最大，即达到匹配状态，应满足 $\left.\dfrac{\mathrm{d}P_0}{\mathrm{d}R_L}\right|_{l=0} = 0$ 的条件，于是得到匹配条件为

$$R_L = 4R_s \quad 或 \quad R_s = \frac{R_L}{4} \tag{5-17}$$

这一结果与输入阻抗关系所求出的结果完全相同，因此这个传输线变压器相当于一个 1:4 的阻抗变换器。

从上面的讨论可知，1:4 的传输线变压器两端的阻抗相差四倍，由式 (5-16) 可以看出，只有分母的第二项含有特性阻抗 Z_c。因此，为使传输功率最大，则最佳的 Z_c 值是使分母中的第二项最小。由 $\dfrac{\mathrm{d}}{\mathrm{d}Z_c}\left(\dfrac{R_sR_L+Z_c^2}{Z_c}\right) = 0$的条件，求出最佳特性阻抗为

$$Z_c = R_{c(\mathrm{opt})} = \sqrt{R_sR_L} = 2R_s \tag{5-18}$$

这时传输变压器的两端均处于最佳匹配状态。当 $\alpha l \to 0$(即频率不高时)，R_L 上的功率达到最大值。但是随着工作频率的提高，αl 不能再忽略，这时，电流、电压沿传输线传播会产生相位移，R_L 上的输出功率会减小，我们用插入损耗表示其减小程度。

插入损耗的定义为

$$\text{插入损耗 (dB)} = 10\lg\frac{P_{s0}}{P_0}$$

式中，P_{s0} 代表信号源 V_s 所能供给的最大功率 (匹配时)，它的值为

$$P_{s0} = \frac{V_{sm}^2}{4R_s}$$

式中，P_0 代表 R_L 上实际获得的功率，结合式 (5-16)，得

$$\begin{aligned}\text{插入损耗 (dB)} &= 10\lg\frac{P_{s0}}{P_0}\\ &= 10\lg\frac{[R_L\cos\alpha l+2R_s(1+\cos\alpha l)]^2+(R_sR_L+Z_c^2)^2\sin^2\alpha l}{4R_sR_L(1+\cos\alpha l)^2}\end{aligned} \tag{5-19}$$

在 $R_s = 4R_L$(4:1 阻抗变换时)，上式可简化为

$$\text{插入损耗 (dB)} = 10\lg\frac{(1+3\cos\alpha l)^2+\left(2\dfrac{Z_s}{Z_c}+\dfrac{Z_c}{2R_s}\right)\sin^2\alpha l}{4(1+\cos\alpha l)^2} \tag{5-20}$$

在最佳状态 $Z_c = 2R_s$ 时，

$$\text{插入损耗 (dB)} = 10\lg\frac{(1+3\cos\alpha l)^2+4\sin^2\alpha l}{4(1+\cos\alpha l)^2} \tag{5-21}$$

根据以上各式可以算出 1:4 阻抗变换器的插入损耗，并且 Z_c 越偏离最佳值 $R_{c(\text{opt})}$，则插入损耗越大。即当 αl=0 时，$Z_i = \dfrac{R_L}{4} = R_s$ 为匹配状态，随着 αl 的逐渐增大，Z_i 逐渐偏离匹配值，因而产生插入损耗；当 $\alpha l = \dfrac{2\pi}{\lambda}l = \pi$ 时，Z_i 变为无穷大，输出功率下降为 0，插入损耗变为无穷大，物理意义是传输线上产生了全反射，负载上完全得不到功率。

由以上讨论可知，为了使高频端的响应良好 (即插入损耗小)，即传输线处于近似匹配的工作状态，就必须采用尽可能短的绕组，使 αl 很小。在大多数情况下，传输线长度取为最短波长的 $\dfrac{1}{8}$ 或更短。但为了保

证低频响应良好，除采用高磁导率的磁心外，还必须有一定的绕组长度，以使初级绕组有足够大的感抗，一般应使感抗在最低工作频率比变压器的输入阻抗大三倍以上。一般来说，在高频端：

$$l_{\max} \leqslant \frac{18\ 000n}{f_u}(\mathrm{cm}) \tag{5-22}$$

式中，f_u 为最高工作频率，单位为 MHz；n 为常数，一般取为 0.08 左右，

在低频端

$$l_{\min} \geqslant \frac{50R_L}{(1+\dfrac{\mu}{\mu_0})f_1} \tag{5-23}$$

式中，f_1 为最低工作频率，单位为 MHz；$\dfrac{\mu}{\mu_0}$ 为铁心在 f_1 时的相对磁导率。

2. 基于传输线变压器的超声水处理系统匹配研究

根据以上理论，本书对传输线变压器的宽带匹配能力进行了验证，实验装置如图 5-18 所示。

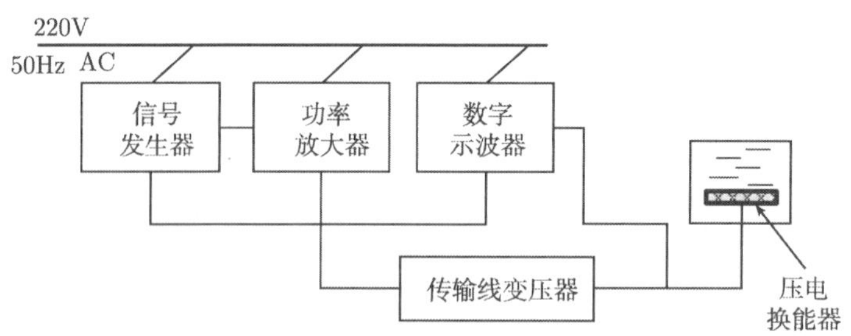

图 5-18 传输线变压器匹配实验装置图

实验仪器：信号发生器，台湾固纬电子 (型号：GFG-3015；频率范围 10mHz～15MHz，幅值可调)；高频功率放大器，T&C Power Conversion, Inc. U.S.A.(型号：AG1016；工作频率为 0.02～6MHz，50Ω 负载时最高输出功率 603W)；数字示波器，泰克科技 (中国) 有限公司 (型号：TDS1012；

带宽：DC-100MHz(−3dB)，直流增益误差：±3%，最高取样率：1.0GS/s)；压电换能器 (谐振频率为 200kHz、480kHz、680kHz 等)，传输线变压器自制，磁心为罐形 48 号，材料为 PC40。

实验过程中，根据换能器的谐振频率 (以 200kHz 为例)，将信号发生器输出的幅值为 3V 的正弦波信号输入到高频宽带功率放大器中，通过网络分析仪测得该换能器阻抗值为 250Ω，而功率放大器的输出阻抗为 50Ω，实验中使用了 1:4 的传输线变压器，调整功率放大器的输入功率，观察系统的反射功率，对比未使用传输线变压器前的反射功率，可以看出匹配得到了极大的改善。如表 5-4 所示。

表 5-4 传输线变压器匹配前后换能器功率对比表

输入功率/W	匹配前		匹配后	
	负载功率/W	反射功率/W	负载功率/W	反射功率/W
1	0	0	0	0
2	1	0	1	0
4	2	1	1	0
5	2	1	2	0
6	2	1	3	0
8	2	2	5	0

3. 传输线变压器的智能控制方案

在设计好传输线变压器之后，就涉及智能控制的问题。为了控制方便，我们设计了多个 1:1 的传输线变压器来通过组合实现阻抗匹配。当换能器连接到超声功率源时，检测模块对换能器进行检测，通过控制继电器来控制传输线变压器，实现和换能器的大致匹配。

此系统采用 Altera 公司的 CYCLONE II 系列芯片 EP2C8Q208C8 作

为核心处理器，FPGA 具有自定义 I/O 硬件定时和同步、高度可靠性、数字信号处理和分析等优势，具有丰富的逻辑资源和存储器资源、时钟管理电路以及高性能的 I/O 资源。同时，FPGA 的 I/O 块装备了专门的外部存储器接口电路，大大简化了与外部存储器的交换过程。本系统中，FPGA 除了对变压器进行智能自适应的控制之外，还要完成对步进电机的控制 [53]，主控制模块的结构框图如图 5-19 所示。

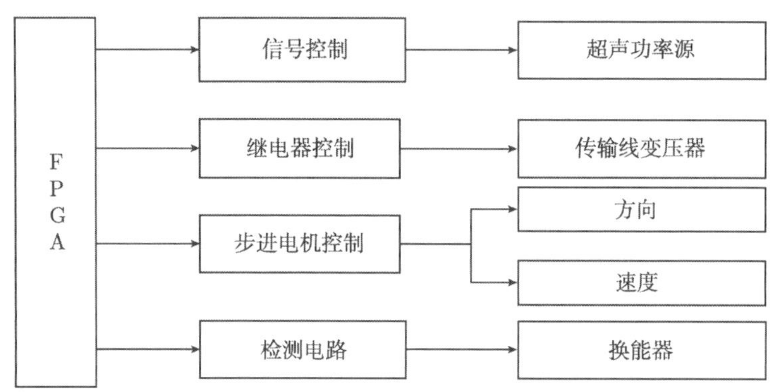

图 5-19　主控制模块结构框图

5.3.2　宽带调谐匹配的设计

在控制传输线变压器使超声功率源和换能器大致匹配时，超声功率源并未和换能器实现完全匹配，为进一步提高匹配的精度，可以采用静态和动态调谐匹配相结合的方式。首先通过换能器电端匹配优化电路，实现匹配电路的抗性受换能器自身参数变化的影响很小，其次采用步进电机来控制调谐网络中电感磁心在线圈中的位置，以改变电感的值，以达到功率源与换能器的完全匹配。

1. 超声换能器的静态匹配

超声压电换能器由串联电感 L 和串联电容 C 决定压电振子的串联谐振频率 f_r，即 $f_v = 1/2\pi\sqrt{1/LC}$，在该频率点上，等效电容 C 的容抗

X_C 与等效电感 L 的感抗 X_L 的幅值相等而相位相反，因此，压电振子的阻抗 $|Z|$ 达到最小值，其大小由等效电阻 R 决定。在 f_r 附近，压电换能器作为超声波发生器的效率最高。然而并联电容 C_0 作为交流负载，也降低了压电振子的谐振阻抗，使超声波发射电路需要提供更大的电流值，才能保证施加在压电振子两端的电压幅值达到设计要求。因此，需要通过匹配电路将超声换能器调整为纯阻负载。

超声功率源的输出阻抗为 $Z_0 = R_0 + \mathrm{j}X_0$。令加匹配网络后的换能器的输入阻抗为 $Z_\varepsilon = R_\varepsilon + \mathrm{j}X_\varepsilon$，根据最大功率输出条件，得到理想的匹配条件为 $R_0 = R_\varepsilon$ 和 $X_\varepsilon = 0$。其中

$$X_\varepsilon = \omega_s L - \frac{\omega_s R_1^2 (C + C_0)}{1 + \omega_s^2 (C + C_0)^2 R_1^2} \approx \omega_s L - \omega_s R_1^2 (C + C_0) \tag{5-24}$$

由式 (5-24) 可以看出，当取合适的 L 和 C 的值使 $X_\varepsilon = 0$ 时，达到匹配。但在实际使用过程中，长时间的运行以及所处的环境参数变化，会使 R_1 和 C_0 的值发生变化，从而引起电路的失配。为了减少环境因素以及换能器参数变化的影响，现设计一套改进的电路，如图 5-20 所示。

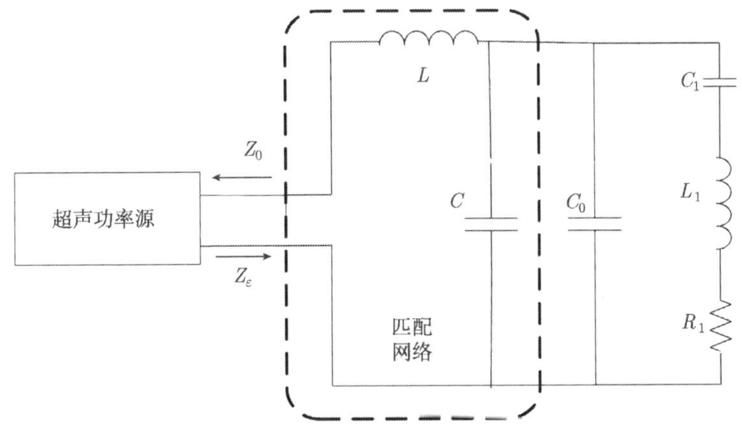

图 5-20 阻抗匹配电路原理图

2. 步进电机控制数控匹配电感的原理

超声换能器在使用过程中，由于发热、负载变化、老化等原因，谐振频率会发生改变，这些因素都会引起换能器谐振频率的漂移。为确保电路匹配，提高换能器效率，系统采用了动态匹配的方式，使用步进电机控制数控匹配电感，实现动态的自适应匹配。步进电机控制的最大特点是开环控制，不需要反馈信号。因为步进电机的运动不产生旋转量的误差累积。由于该系统中步进电机的功能比较简单，FPGA 只要控制其完成两个功能：移位定位控制模块和方向控制模块。其中，移位控制模块的作用是在不同速度控制信号作用下，改变步进电机速度的目的。方向控制模块的核心是脉冲分配电路，在每一个变频时钟周期内，脉冲分配

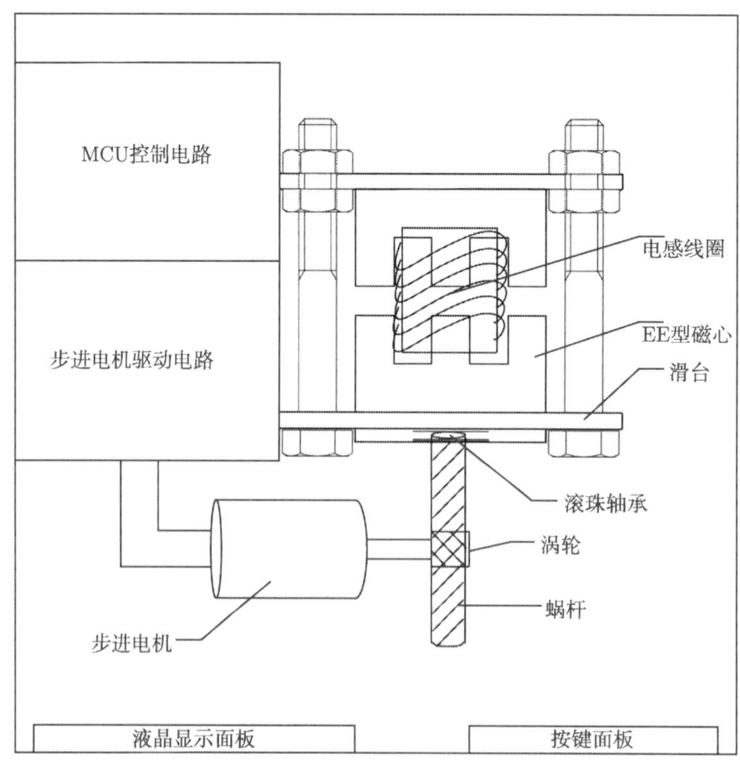

图 5-21 由步进电机控制的数控匹配电感原理图

器可在不同的方向控制信号下产生不同方向的步进时序脉冲，从而控制步进电机顺时针或逆时针转动。其原理如图 5-21 所示。

5.4 超声水处理换能器声强与声空化效应测量方法的研究

5.4.1 超声水处理换能器声强测量方法的研究

超声水处理属于功率超声，但简单易行的功率超声检测方法很少，给超声水处理的研究带来了不便。另外，功率超声在诸多领域的应用研究取得可喜进展，如声波 CT 技术被引入到大坝安全检测中[54]，中国重庆医科大学[55] 将高强超声成功应用于癌症等顽疾的治疗，在治疗中，不仅要求声波能准确无误地杀死病灶，而且还要保证正常组织不受损伤。如果治疗过程中使用过高声功率，使焦域内靶组织的水分过热汽化，生成空化核，从而会诱发超声空化发生。一旦有超声空化发生，就会引发空化型损伤，容易引起出血[56]，因此声功率，尤其是高强声功率的精确测量对功率超声技术的推广应用具有重要意义。

1. “窄脉冲”测量方法的研究

本书采用水听器测量法检测声强参数，通过 AVR 单片机及外围电路产生窄脉冲，将其作为高强换能器的激励信号，待测的高强向四周无反射的除气水发射强超声。水槽中的除气水残存的空化核极少，并且信号的脉冲窄将无法使空化包括微小泡核被超声激活、振荡、生长、收缩及崩溃等一系列过程充分完成，这样可以避免明显的液体空化现象。同时针式压电水听器是很敏感的传感器，利用窄脉冲信号可以降低压电材料的疲劳损伤，并提高其准确性与复用性，减少超声辐射能量[57,58]。水听器是很敏感的传感器，长时间的高声压作用很容易对水听器的压电材料造成疲劳损伤，并使其准确性与复用性降低；缩小激励信号占空比可以大大减少超声辐射能量 (相对于连续信号)。声脉冲的总能量可以表达如下：

$$P = \int \frac{p^2(t)}{\rho c} \mathrm{d}t \tag{5-25}$$

式中，P 为声脉冲总能量；$p(t)$ 为瞬间声压；ρ 为声介质密度；c 为声速。从而，缩小信号占空比可以提高测量范围而又不损坏水听器。同时，在水槽周围安放吸声材料，以减少回波的干扰。

针式压电水听器作用是把水下声压信号转换为电信号的换能器，当水听器前端的压电材料上的压力 (声扰动) 发生变化时，压电材料内部的电荷分布就会成比例地发生变化，并以电压信号的形式体现出来[59]。因此利用水听器可以得到声场中某点的瞬时声压，利用公式 (5-26)：

$$p(t) = u_L(t)/M_L \tag{5-26}$$

式中，u_L 表示水听器电缆末端电压 (V)；M_L 表示水听器电缆末端有载灵敏度 (V/Pa)，然后通过声压换算法，公式 (5-27)：

$$I(t) = p^2(t)/(\rho c) \tag{5-27}$$

式中，ρ 表示媒质的密度 (kg/m^3)；c 表示媒质的声速 (m/s)，由上式就可以得到瞬时声强。因此根据式 (5-26) 和式 (5-27) 可得到

$$I(t) = u_L^2(t)/(\rho c \cdot M_L^2) \tag{5-28}$$

2. “窄脉冲” 测量方法的电路实现方法研究

系统硬件测量电路可以分为窄脉冲信号的产生和反馈信号的控制两个模块。其原理框图如图 5-22 所示，选用 AVR mega16 作为主控芯片产

生可调的窄脉冲信号来激励高强换能器，通过以除气水为介质的水槽，由针式压电水听器反馈所接收到的信号，最终将反馈信号的电压值采集计算得到声强值，并通过液晶实时显示[60,61]。

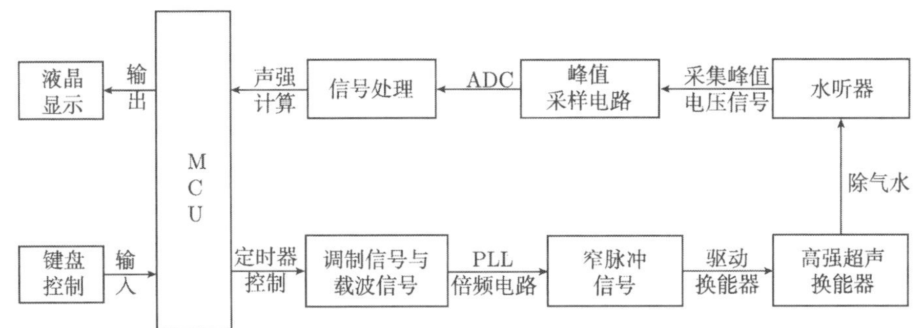

图 5-22 系统的原理框图

窄脉冲信号产生模块是核心，其功能是产生高强换能器所需的激励信号。基于上述的工作原理，激励信号选用窄脉冲，声脉冲的总能量很小，因此理论的测量原理是脉冲宽度越窄越好。但是实际测量中发现，激励信号需要一定的能量且激励信号的发射时间应大于水听器的反应时间，因此，调制信号的频率一般选取千赫兹级的，而脉冲宽度内所包络的脉冲个数 N 必然存在一定的调节范围，既能满足测量要求，而又不损坏水听器，其原理框图如图 5-23 所示。

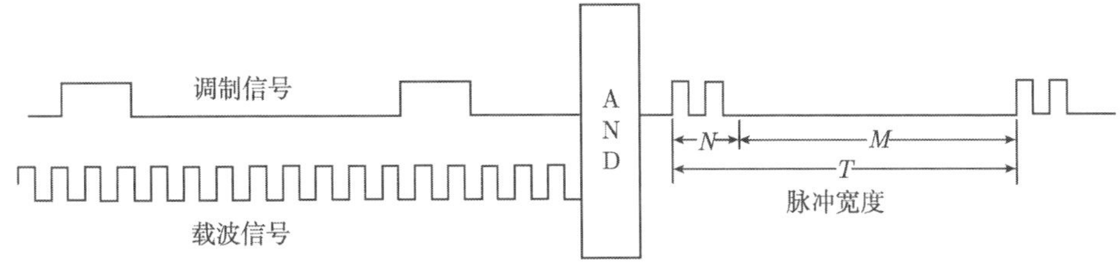

图 5-23 窄脉冲信号产生的原理框图

在软件设计方面，是由 mega16 主程序和各功能模块子程序组成的，模块化结构的程序设计便于系统的硬件调试。开机时系统等待信号频率参数的设定值，然后启动信号激励高强后，显示其声强值。程序均由 C

语言编写。功能模块子程序有载波频率调整程序、调制信号的占空比调节程序、键盘输入中断 (INTO) 程序、ADC 采样程序和显示程序。

窄脉冲信号产生子程序主要的功能就是产生与高强工作频率相同的载波信号和可调占空比的调制信号。开始时，mega16 需要初始化定时器，即设置分频系数、计数值。在日常使用中，希望开机后仪器能够保持上次操作结束后的频率，因此加入了利用 EEPROM 存储，待开机后定时器会自动载入该定时值。运行前，应先将载波频率调节到规定的工作频率，程序流程图如图 5-24 所示。

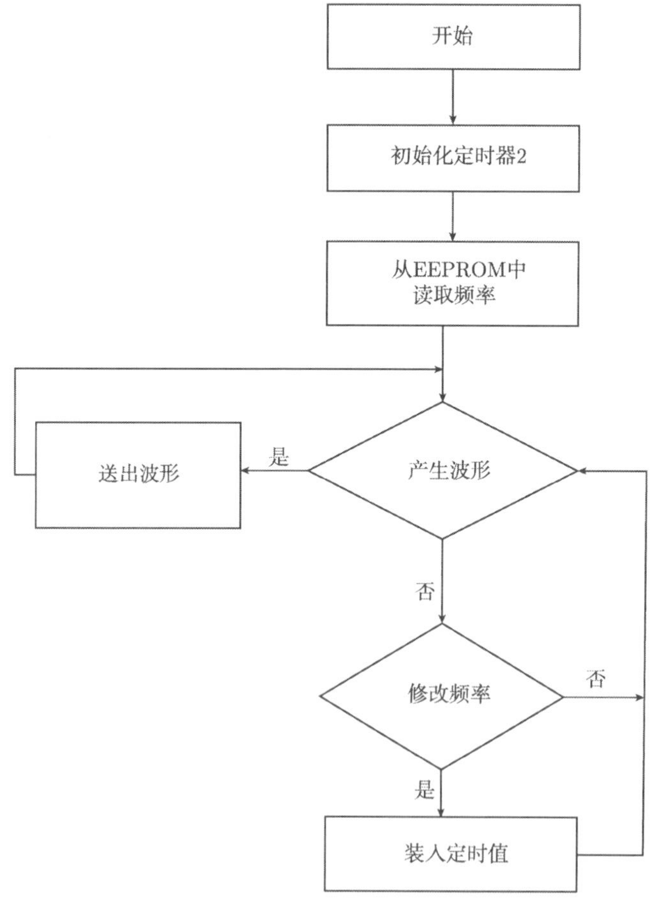

图 5-24　基于倍频电路的软件流程图

利用 mega16 先设定调制信号的预设值以及脉宽初始值 N。当系统进入运行模式后，若存在声强显示值，则将初始值按步进 ΔN 递减到 N'，直到无显示值为止，则此时最佳脉宽值 $N'+\Delta N$；若不存在声强显示值，则将初始值按步进 ΔN 递增到 N'，直到有显示值为止，则此时最佳脉宽值为 N''，这样既保证水听器能够接收到信号，又提高水听器的使用寿命。

本系统中采用 1602 液晶显示，配合键盘控制实现人机交互功能。键盘控制是利用 6 个按键，它们在程序中对应用于控制的 “上翻”、“下翻”、“模式”、“取消”、“运行” 和 “关闭”。本系统中的 6 个按键是采用线翻转法对键码进行识别，每一个键对应一个键码，以便根据键码转到相应的按键处理子程序。

5.4.2 换能器空化效应测量方法的研究

声化学反应的主动力是声空化，因而声化学产额的高低取决于声空化程度的强弱。声空化是许多功率超声应用的物理基础。研究发现，采用每秒 30 万次的高速摄影与三维全息技术，可形象地揭示与研究超声空化过程。此外，通过一系列的物理、化学方法也可以对空化效应进行测量，如物理上的次谐波法、化学的碘释放法及电学法等，下面简要说明一下其中几种常用的方法。

1. 电学方法检测声空化

通常情况下，氮气与氧气是不发生化学反应的，但空化过程可以使溶于水中的氧气与氮气发生反应，形成 NO，NO 被氧化生成 NO_2，NO_2 与水发生反应生成硝酸和亚硝酸，反应如下：

$$N_2 + O_2 \xrightarrow{\text{超声空化}} 2NO$$

$$2NO + O_2 \longrightarrow 2NO_2$$

$$2NO_2 + H_2O \longrightarrow HNO_2 + HNO_3$$

该反应过程使水变成了电解液，电导率增大，通过检测电导率的变化，即可研究声空化的情况。

对于浓度为 c 的低浓度强电解质溶液，其电导 (σ) 与浓度近似成正比，即 $\sigma \propto c$，在短时间内，超声辐照只产生少量硝酸与亚硝酸，故满足上述近似条件。此外，假设每次空化产生的离子相等，那么 σ 将与空化次数 (n) 呈线性关系，$\sigma = \sigma_0 + kn$, 即 $\sigma - \sigma_0 = kn$，通过空化事件次数 (n)，即可研究声空化规律。

2. 用荧光光谱技术检测 $\cdot OH$

对苯二甲酸水溶液是非荧光性物质，但是当其与 $\cdot OH$ 相结合，便形成稳定的强荧光性物质羟基对苯二甲酸根离子，而在超声空化过程中可以产生 $\cdot OH$，所以通过检测溶液的荧光强度即可对空化进行研究，其反应式如下：

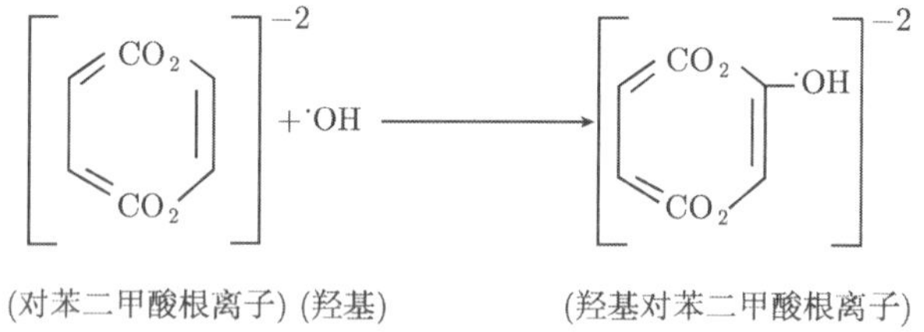

(对苯二甲酸根离子) (羟基)　　　　(羟基对苯二甲酸根离子)

3. 碘释放法

超声空化过程中，KI 水溶液中的 KI 氧化生成单质碘，加入少量 CCl_4，使其大量析出。有关化学反应如下：

$$H_2O \xrightarrow{\text{超声空化}} \cdot H + \cdot OH$$

$$2\cdot OH \longrightarrow H_2O_2$$

$$H_2O_2 + 2KI \longrightarrow I_2 + 2KOH$$

$$CCl_4 + H_2O \rightarrow Cl_2 + CO + 2HCl$$

$$2HCl + [O] \rightarrow Cl_2 + H_2O$$

$$2KI + Cl_2 \rightarrow 2KCl + I_2$$

加入淀粉使碘呈蓝色，硫代硫酸钠滴定，直至溶液恢复成无色。反应如下：

$$I_2 + \text{淀粉 (呈蓝色)}$$

$$I_2 + 2Na_2S_2O_3 \rightarrow 2NaI + Na_2S_4O_6\text{(蓝色消失)}$$

通过检测 $Na_2S_2O_3$ 的量可以确定 I_2 的析出量，进而得出空化强度。

通过研究可以发现上述方法都需要进行复杂的物理化学变换，实验过程繁杂，并且结果也不够精确，为此本书专门研究了超声水处理换能器空化效应的测量方法，该方法设备简单，易于实现，并且具有较高的精度。

4. *超声时差法检测空化效应的研究*

在已有的各种方法中碘释放法和电学法是两种简单易行的方法，但使用中存在一定局限性，不能直接反映出空化泡的分布规律，高速摄影可以直接反映出空化泡的分布规律，但对高速摄影设备的要求非常高，价格昂贵，一般难以实现。本书利用测量超声传播时间的方法来检测超声空化效应。其原理是液体中空化泡的分布状态与空化效应有密切关系，空化泡多，在超声作用下，部分空化泡破裂并形成更多的空化泡，那么其超声空化效应即为好，作者在长期的实验中已观察到了这一现象。本书检测样品在超声处理时的传播时间，而该时间和空化泡的数量与分布状态密切相关，因此超声传播时间能反映空化效应。

实验装置如图 5-25 所示。

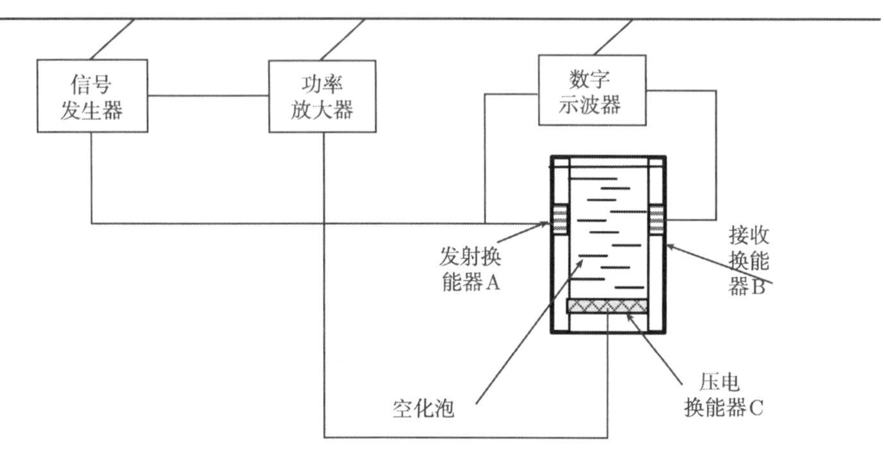

图 5-25　换能器声功率 (用输入电功率) 与声传播时间的实验装置

实验主要仪器: 信号发生器, 台湾固纬电子 (型号: GFG-3015; 频率范围 10mHz~15MHz, 幅值可调); 高频功率放大器, T&C Power Conversion, Inc. U.S.A.(型号: AG1016; 工作频率为 0.02~6MHz, 50Ω 负载时最高输出功率 603W); 数字示波器, 泰克科技 (中国) 有限公司 (型号: TDS1012; 带宽: DC-100MHz(−3dB), 直流增益误差: ±3%, 最高取样率: 1.0GS/s); 压电换能器 (谐振频率为 200kHz 等); 检测换能器 (1.0MHz); 传输线变压器自制, 磁心为罐形 48 号, 材料为 PC40; 试验用容器自制 (PVC 材料, 内直径为 7.5cm, 容量为 600mL)。

实验时根据声化学反应器底部换能器 C 的谐振频率设定信号发生器的输出信号频率, 该实验中我们使用谐振频率为 418kHz 的压电换能器, 其外壳直径与容器内直径相同, 为 7.5cm; 而发射与检测用的换能器为一种检测换能器, 频率为 1.0MHz, 直径为 1.7cm, 放置在容器中部距口 2cm 处的相对位置上, 如图 5-26 所示。将信号发生器输出的幅值为 3V 的正弦波信号输入到高频宽带功率放大器中, 通过调节功率放大器的输出功率驱动压电换能器进行水空化实验。在此过程中，信号发生器发射一频率为 1MHz 的正弦信号，通过换能器 A 发射，观察接收端换能器 B 的波形，并通过数字示波器观测波形变化情况，计算超声波从 A 端传播到 B 端的时间，处理样品为 500mL 蒸馏水，每个超声功率点连续处理 1min，1min 内取 3 个超声传播时间进行平均，然后改变功率放大器的输出功率，换新样品，重复上述步骤。

图 5-26 自制空化效应检测装置图

同时，容器底部的换能器 C 不可避免地将会对接收端 B 换能器形成干扰，为减小这种干扰，实验中采取了两个措施：一是使用谐振频率相差较大的换能器，在实验中我们使用的换能器 C 的谐振频率为 200kHz，而换能器 A、B 的谐振频率为 1MHz；二是在接收端加串联和并联两种 LC 滤波电路，将 C 发出的干扰波滤除。实验数据如表 5-5 所示。

表 5-5 换能器声功率 (用输入电功率) 与声传播时间的实验数据表

换能器声功率 (用输入电功率间接反映)/W	超声传播时间/μs	时间差/μs
0	54.6	0
2	54.2	0.4
3	53.6	1
5	53.3	1.3
6	53.1	1.5

表 5-5 换能器声功率 (用输入电功率) 与声传播时间的实验数据表明：换能器上所加电功率的大小与样品中声波传播的时间差近似呈线性关系。这与作者多年的实验研究结果是一致的：在一定范围内，换能器所发射的声功率尚未达到声空化效应饱和点时，换能器的输入功率与换能器发射的声功率成正比，声功率与空化效应成正比。本实验研究还是初步的，许多细节问题尚待进一步深入研究。

5.5 本章小结

本章首先研究了适用于水处理超声电源电路频率参数优化的研究；同时对超声电源与超声水处理反应器间匹配的技术进行了探讨，采用传输线变压器、智能芯片、步进电机、可调电感实现了宽频率范围内阻抗的自适应共轭匹配；提出了换能器声功率和声空化效应检测的新方法，给出了窄脉冲法测量声功率、超声时差法测量空化效应的方法和具体实现方案，最后通过实验验证了本书第 2 章提出的超声时差法检测液体中低浓度气泡含量的公式的正确性。

参考文献

[1] Entezari M H, Mostafai M, Sarafraz-Yazdi A. A combination of ultrasound and a bio-catalyst: removal of 2-chlorophenol from aqueous solution[J]. Ultrasonics Sonochemistry, 2006, 13(1): 37-41.

[2] Guo Z B, Zheng Z, Zheng S R, et al. Effect of various sono-oxidation parameters on the removal of aqueous 2, 4-dinitrophenol[J]. Sonochemistry, 2005, 12(6): 461-465.

[3] El-Had T B, Dosta J, Ma'Rquez-Serrano, et al. Effect of ultrasound pretreatment in mesophilic and thermophilic anaerobic digestion with emphasis on naphthalene and pyrene removal[J]. Water Research, 2007, 41(1): 87-94.

[4] Ping Sun, Weavers L K. Sonolytic reactions of phenanthrene in organic extraction solutions[J]. Chemosphere, 2006, 65(11): 2268-2274.

[5] Wang S L, Huang B B, Wang Y S, et al. Comparison of enhancement of pentachlorophenol sonolysis at 20kHz by dual-frequency sonication[J]. Ultrasonics Sonochemistry, 2006, 13(6): 506-510.

[6] Liang Jun, Sergey K, Naohito H, et al. Improvement in sonochemical degradation of 4-chlorophenol by combined use of Fenton-like reagents [J]. Ultrasonics Sonochemistry, 2007, 14(2): 201-207.

[7] Wang Y H, Zhu J L, Zhao C G, et al. A method of removal of trace organic compounds from wastewater by ultrasonic enhancement on adsorption [J]. Desalination, 2005, 186(1-3): 89-96.

[8] 陈家财. 超声水处理功率放大技术研究 [D]. 南京: 河海大学, 2007.

[9] 郭卫栋. 基于嵌入式和 DDS 技术水处理用任意波形发生器的设计 [D]. 南京: 河海大学, 2008.

[10] 黄波. 基于 PDM 的水处理用智能超声功率源设计 [D]. 南京: 河海大学, 2009.

[11] Christian P, Anne F. Ultrasonic wastewater treatment incidence of ultrasonic frequency on the rate of phenol and carbon tetrachloride degradation [J]. Ultrasonic Sonochemistry, 1997, (4): 295-300.

[12] Drijvers D, Baets R D, Visscher A D, et al. Sonolysis of trichloroethylene in aqueous solution: volatile organic intermediates[J]. Ultrasonics Sonochemistry, 1996, 3(2): 83-90.

[13] Kojima Y, Koda S, Nomura H. Effect of ultrasonic frequency on polymerization of styrene under ultrasonic [J]. Ultrasonics Sonochemistry, 2001, 8: 75-79.

[14] Petrier C, Micolle M, Merlin G, et al. Characteristics of Pentachlorophenate degradation in aqueous solution by means of ultrasound [J]. Environ Sci Technol, 1992, 26(8): 1639-1642.

[15] Kang J W, Huang H M, Lin A, et al. Sonolytic destruction of methyl tert-butyl ether by Ultrasonic irradiation: the role of O_3, H_2O_2, frequency and power density[J]. Environ Sci Technol, 1999, 33(18): 3199-3205.

[16] 熊宜栋. 苯胺废水的超声波降解试验研究 [J]. 环境科学与技术, 2002, 26(6): 13-14.

[17] Cum G, Gallo G, Gallo R, et al. Role of frequency in ultrasonic activation of chemical reactions[J]. Ultrasonics, 1992, 30(4): 267-270.

[18] 朱昌平, 李林, 徐勇. 用碘释放法研究三维正交超声辐照空化产率的增强效应 [J]. 荆州师范学院学报 (自然科学版), 1999, 22(5): 70-71.

[19] 冯若, 李化茂. 声化学及其应用 [M]. 合肥: 安徽科学技术出版社, 1992: 145-246.

[20] Price G J, Matthias P, Lenz E J. Use of high power ultrasound for the destruction of aromatic compounds in aqueous solution[J]. Process safety and Environmental Protection, 1994, 72B(1): 27-31.

[21] Lin J G, Ma Y S. Magnitude of effect of reaction parameters on 2-chlorophenol decomposition by ultrasonic process[J]. Journal of Hazardous Materials B, 1999, 66: 291-305.

[22] Juang R S, Lin S H, Cheng C H. Liquid-phase adsorption and desorption of phenol onto activated carbons with ultrasound[J]. Ultrasonics Sonochemistry, 2006, 13(3): 251-260.

[23] 陈伟. 超声辐射降解水中有机污染物的研究 [D]. 上海: 同济大学, 1999.

[24] Wu J M, Huang H S, Livergood C D. Ultrasonic destruction of chlorinated compounds in aqueous solution[J]. Environmental Progress, 1992, 11(3): 195-199.

[25] Mason T J. Quantifying sonochemistry: casting some light on a "black art"[J]. Ultrasonics, 1992, 30(1): 40-42.

[26] Nomura H U, Koda S, Yasuda K, et al. Quantification of ultrasonic intensity based on the decomposition reaction of porphyrin[J]. Ultrasonics Sonochemistry, 1996, 34: 153-156.

[27] 叶建忠, 陈长琦, 方应翠. 有机废水超声降解动力学的分析及应用 [J]. 合肥工业大学学报 (自然科学版), 2003, 26(1): 71-76.

[28] 徐宁, 王凤翔, 吕效平. 低频超声辐照降解间苯二酚水溶液的研究 [J]. 环境污染治理技术与设备, 2006, 7(9): 69-72.

[29] Weavers L K, Malmstadt N, Hoffmann M R, et al. Kinetics and mechanism of pentachlorophenol degradation by sonication, ozonation and sonolytic ozonation[J]. Environ. Sci. Technol., 2000, 34(7): 1280-1285.

[30] 钟爱国, 王宏青. 超声波诱导降解水溶液中甲胺磷 [J]. 应用化学, 1999, 16(6): 92-94.

[31] 赵德明, 占昌朝, 金鑫丽. Fenton 试剂强化超声波处理水中对硝基苯酚的研究 [J]. 浙江工业大学学报, 2004, 32(3): 311-319.

[32] 卞炜, 朱志庆. 超声波降解间二酚水溶液研究 [J]. 应用化工, 2006, 35(9): 706-708.

[33] 李光书. 超声波处理石油污水的实验研究 [J]. 石油学报, 2003, 19(3): 99-102.

[34] 尚岩, 尚琳, 彭亚男, 等. 超声降解有机废水影响因素的探讨 [J]. 哈尔滨商业大学学报 (自然科学版), 2003, 19(3): 277-281.

[35] 王双维, 莫喜平, 冯若, 等. 混响场中超声化学效应的研究 [J]. 声学学报, 1993, 18(2): 122-129.

[36] 马俊华, 赵建夫, 伊学农. 超声技术在水处理上的研究进展 [J]. 上海环境科学, 2002, 21(5): 298-301.

[37] 冯若. 声化学基础研究中的声学问题 [J]. 物理学进展, 1996, 16(3): 402-412.

[38] 王保强, 王敬东, 尹蓉莉. 超声生物处理与声学参数的调控 [J]. 生物医学工程

学杂志, 2004, 21(4): 662-665.

[39] Gogate P R, Aniruddha B P. Sonochemical reactors: scale up aspects [J]. Ultrasonics Sonochemistry, 2004, 11(3): 105-107.

[40] Thoma G, Gleason M. Sonochemical treatment of beneze/toluene contaminates wastewater [J]. Environmental Progress, 1998, 17(3): 154-160.

[41] 黄利波, 吴胜举, 周凤梅. 影响声化学产额的几个因素 [J]. 声学技术, 2005, 24(4): 210-213.

[42] 朱昌平, 冯若, 陈兆华, 等. 双频辐照的声化学产额及其频率效应的研究 [J]. 南京大学学报 (自然科学版), 1998, 34(1): 93-96.

[43] 陈兆华, 朱昌平, 赵逸云, 等. 用碘释放法研究低频超声的声化学产额 [J]. 声学技术, 1997, 16(4): 192-197.

[44] 冯若, 朱昌平, 赵逸云, 等. 双频正交辐照的声化学效应研究 [J]. 科学通报, 1997, 42(9): 925-928.

[45] Huang J L, Feng R, Zhu C P, et al. 1995. Low-MHz frequency effect on a sonochemical reaction determined by an electrical method. Ultrasonics Sonochemistry, 2(2): 93-97.

[46] 詹华伟, 牛忠霞, 杜晓燕, 等. 传输线变压器分析及其方法改进 [J]. 信息工程大学学报, 2005, 6: 53-55.

[47] 高雪, 胡鸿飞, 傅德民, 等. 增宽带传输线变压器的分析与设计 [J]. 电波科学学报, 2001, 12: 447-449.

[48] Lotfi A W, Wilkowski M A. Issue and advances in high-frequency magnetic for swiching power supplies[J]. Proceedings of the IEEE, 2001, 89(6): 883-839.

[49] 朱昌平, 范新南, 陈小刚, 等. 宽带阻抗匹配变压器的研究 [J]. 仪器仪表学报, 2003, 8(4): 619-620.

[50] 程健, 张杨, 刘汉斐, 等. 基于 ARM 处理器的自动阻抗匹配器 [J]. 测控技术. 2007, 26(5): 67-69.

[51] 王艳东, 李赫, 王敏慧, 等. 锁相环跟踪超声振动系统谐振频率的改进 [J]. 声学技术, 2007, 26(2): 253-255.

[52] 解光军, 顾云海, 夏禹根. 用于 RFID 的自动天线调谐系统的设计 [J]. 电子测

量与仪器学报, 2009, 23(3): 49-53.

[53] 贡亚丽, 王文明. FPGA 在步进电机控制中的应用 [J]. 电子技术, 2007, 5: 11-12.

[54] 朱昌平, 殷冬梅, 王琦. 大坝 CT 技术研究进展 [J]. 声学技术, 2007, 26(4): 646-500.

[55] 冯若, 朱辉, 皱建中. 高强度聚焦超声技术迅速发展的五年 [J]. 声学技术, 2006, 25(4): 387-391.

[56] 冯若. 高强聚焦超声“切除”肿瘤的机理[J]. 中国超声医学杂志, 2000, 16(12): 881-884.

[57] 李全义, 李发琪, 寿文德. 高强度聚焦超声的声场检测 [J]. 世界科技研究与发展, 2007, 29(6): 56-60.

[58] Al-Bataineh O M, Meyer R J, et al. Utilization of the High-Frequency Piezoelectric Ceramic Hollow Spheres for Exposimetry and Tissue Ablation[C]. Proceedings of the IEEE 2002 Ultrasonics Symposium, 2002, 2: 1473-1476.

[59] 谢露, 白景峰, 陈亚珠. 新型相控聚焦超声声场测量实验研究 [J]. 中国医学物理学杂志, 2009, 26(5): 1434-1437.

[60] Zhu C P, Shan M L, He S C, et al. “Sound Intensity Measurement In Focal Region of HIFU Transducer Adopting Narrow-pulse Method”. 2004 IEEE International Conference on Industrial Technology, 2004, 3: 1374-1377.

[61] 张斌, 邬冠华, 蔡建武. 峰值采样电路在涡流电导仪中的应用 [J]. 电子工程师, 2003, 29(1): 59-60.

第6章　变压器油含水量超声检测应用研究

6.1　引　　言

变压器是我国电力行业重要的电力设备，在整个电力系统安全运行中起了非常重要的作用。变压器油作为一种良好的绝缘材料，在变压器中使用非常广泛，变压器油对电器设备主要起到绝缘和散热冷却的作用，油浸变压器在中国大型的发电厂和变电站已得到广泛运用。当变压器长期运行后，由于一些客观或主观因素不可避免地会使变压器油中混入一些水分，变压器中水分的变化及分布受到水分含量、温度和压力以及变压器绝缘器的机构和大小的影响，受到的干扰条件相对比较多，因此其测量相对比较复杂[1]。为了防止变压器油中混入水分，在变压器油容器中会加入绝缘油纸，由于绝缘油纸对水分亲和力比油大很多，绝大多数水分能被绝缘油纸所吸收[2]。但是当绝缘油纸吸收的水分达到饱和时，水分便会析出混入油中，从而影响变压器油的质量。

变压器油的绝缘性能会因为水分含量的增加而下降，这种变化还可能致使变压器的局部放电击穿及产生气泡，从而缩短变压器的使用寿命；更为严重的是，一些变压器事故的发生也是由于这种变化引起的[3]。鉴于因此而导致的这些严重后果，变压器油中微水含量的检测在投入使用以前以及过程中都显得极为重要。因此，近年来对变压器绝缘油中含水量的检测已成为超声检测应用研究中的一个热门课题。

根据《运行中变压器油质量标准》(GB/T 7595—2000) 的相关标准，

变压器油中的微水含量标准如表 6-1 所示[4]。

表 6-1 变压器油中含水量标准

设备名称	电压等级/kV	运行之前的含水量/(mg/L)	运行之后的含水量/(mg/L)
变压器	330～500	⩽ 10	⩽ 15
	220	⩽ 15	⩽ 25
	⩽ 110	⩽ 20	⩽35

关于变压器油中的微水检测，国内外众多学者也做了很多相应的研究，如色谱法、射频检测法、红外光谱法、模糊控制神经网络法[5]，另外，也有一些关于变压器油微水检测的专利，如“变压器油箱油中水分在线检测装置”[6]、“油水气混合物中水分检测方法及装置”[7,8]。

但这些检测方法要么过程过于复杂，要么检测精度不够高，因此投入实际广泛运用的方法少见报道。本书在分析国内外相关研究优缺点的基础上，利用团队在声学与通信技术的研究优势，提出了基于超声波固液传播时差的微水检测方法[9,10]。由于油、水的声速差别太小，而油、冰的声速差别较大，所以本书采用了先把油水混合液冷冻，使水分变为固态后，再检测超声波在悬浮液中的传播时差，通过测量超声传播时间，从而确定混合液体的含水量。

6.2 系统总体实现

6.2.1 总体设计方案的论证

通过前面的理论分析及实验可行性验证，说明通过测量超声传播时间差来确定变压器油中微水含量是可行的。下面对超声检测方案进行重点分析。检测过程主要包括图 6-1 所示的四个步骤。

第一步，采样与乳化。对待测变压器中的油和标准变压器油进行等量采样，对待测变压器油和标准变压器油两种样本同时进行磁力搅拌和超声乳化处理，如果是离线检测，在运行中的变压器取样后需及时补充等量的标准变压器油灌入变压器内。

第二步，冷冻与观察。将经过乳化的待测变压器油和标准变压器油两种样本同时进行一小时冷冻，冷冻过程中需要观察样本的温度变化情况，为分析含水和不含水的变压器油冰冻过程中的温度变化规律做准备。

第三步，测量与处理。将经过乳化和冰冻的待测变压器油和标准变压器油两种样本分别灌入两个完全相同的超声测量通道内，灌入过程需要边摇动边慢慢灌入，目的是将通道内的空气全部赶出，以免在通道内形成空气腔。然后在两通道同时进行超声的发射与接收，检测两通道的传播时间，并用软件计算两通道时间差和变压器油的含水量。

第四步，显示与上传。将测量结果进行存储和数显，并通过有线或无线方式上传给集中控制室。

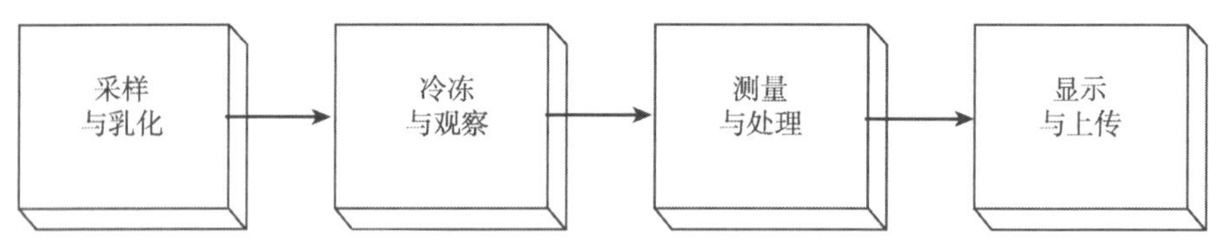

图 6-1　系统检测过程

整个系统由传感器变送器、控制器、辅助电路部分和 PC 监控终端等组成。传感器变送器负责检测水分含量，并将检测到的信息通过 RS485 网络传送给控制器。控制器负责收集传感器变送器传送来的信息，记录并显示实时数据以及历史曲线，另外还要联合控制超声乳化及冰冻电路等辅助电路的工作情况，并在油中水分浓度超标时，发出报警信息，并利用嵌入式技术来液晶显示、语音报警，还可以通过 PC 远程终端上的监控软件对系统参数进行设置，并进行历史数据查询等功能，实现整个系统功能的控制及直观显示。智能监控系统划分示意图如图 6-2 所示。

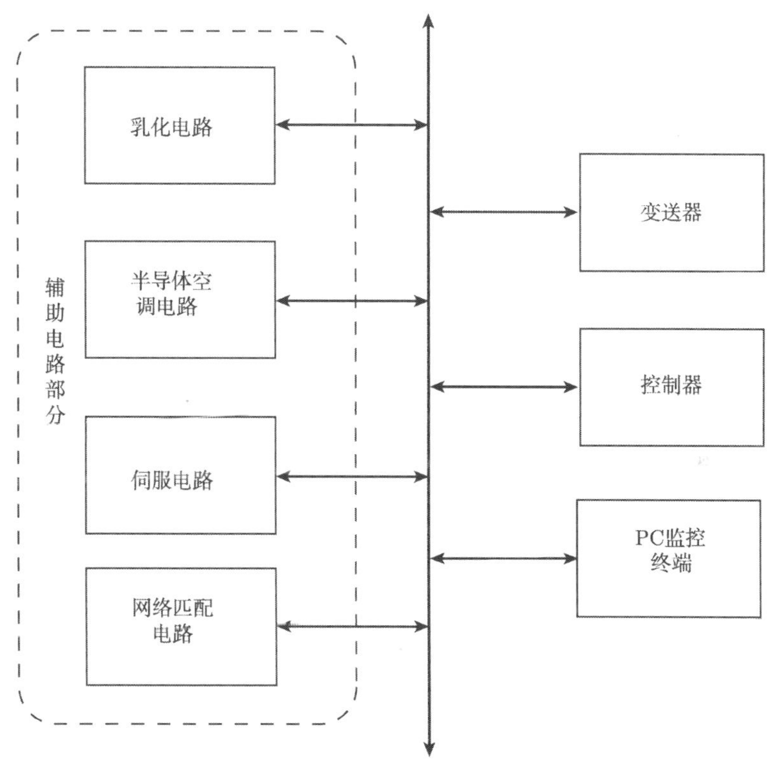

图 6-2 智能监控系统划分示意图

图 6-3 所示为变送器的具体实现框图，整个变送器系统包括超声的功率放大及匹配网络模块、乳化过程、冷冻过程、超声驱动与接收模块和 CPLD 数字信号处理模块。变压器油中微水含量的检测主要是靠超声驱动与接收模块和 CPLD 数字信号处理模块完成的。

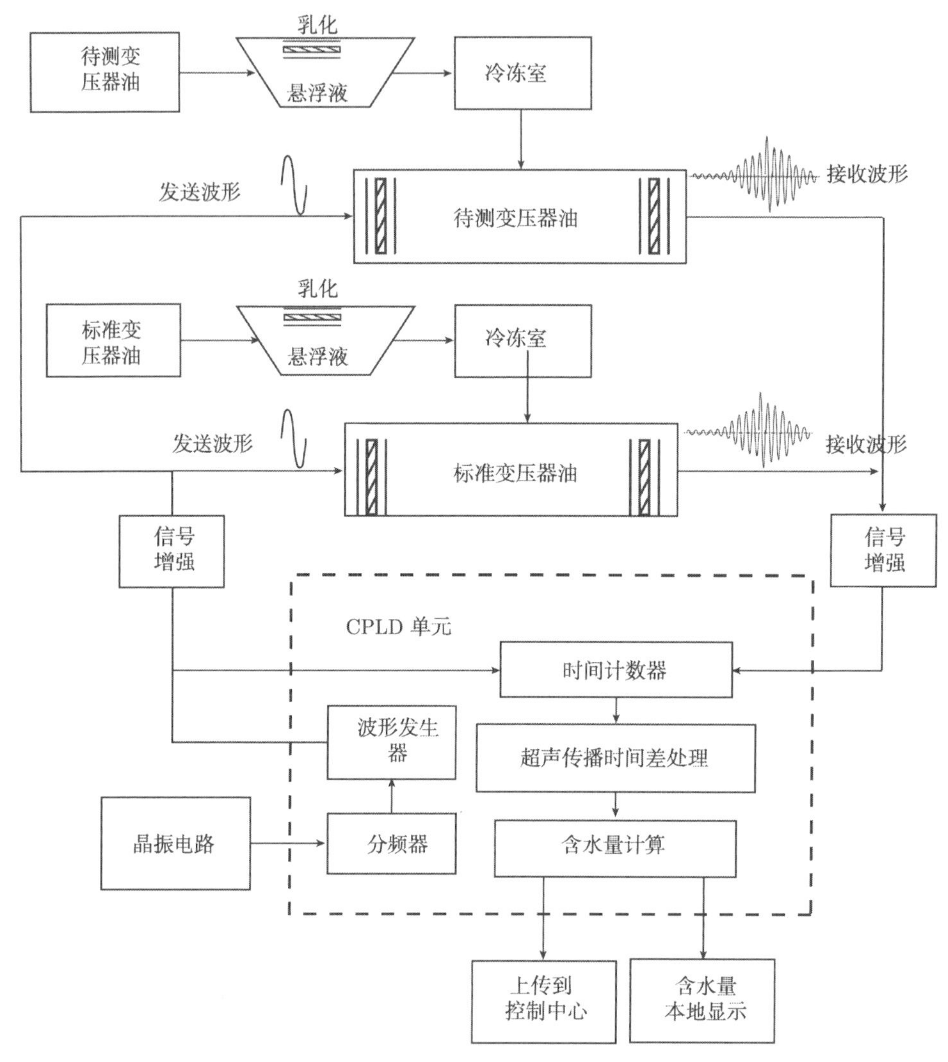

图 6-3　变送器整体设计框图

6.2.2　系统工艺流程总体设计

由于利用超声对变压器油中微水进行检测没有经验可借鉴，因此，在设计整套系统时，需考虑诸多因素。比如，如何保证变压器油的循环流通。本书提出利用离心泵来探索性解决这一问题。根据第 2 章的原理，变压器油中微水检测系统的工艺流程如图 6-4 所示。

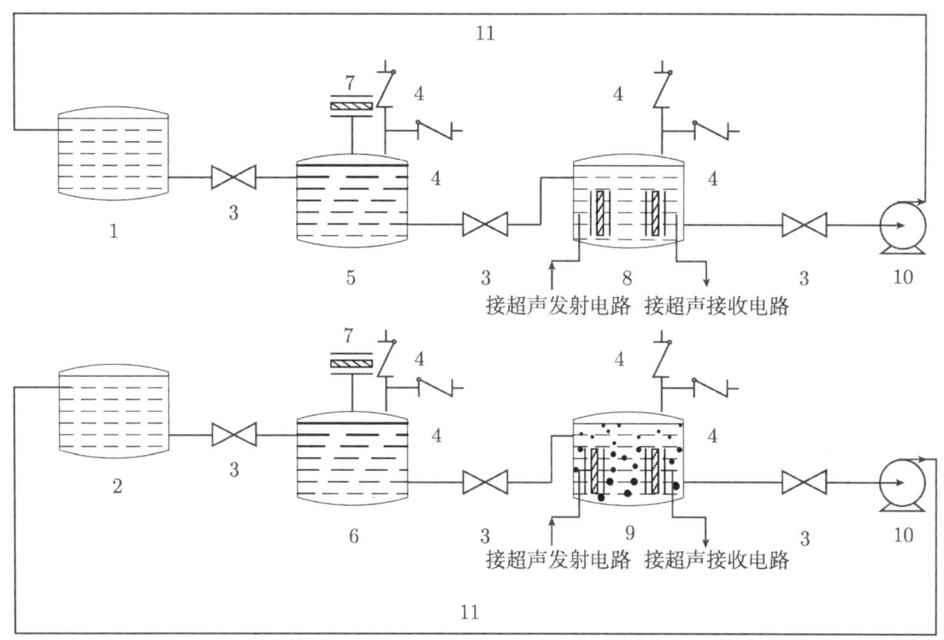

图 6-4 微水含量检测系统工艺流程图

1. 标准变压器油；2. 变压器 (待测变压器油)；3. 闸阀；4. 回止阀；5. 超声乳化池 (标准变压器油)；6. 超声乳化池 (待测变压器油)；7. 超声电源；8. 冷冻微水采样池 (标准变压器油)；9. 冷冻微水采样池 (待测变压器油)；10. 离心泵；11. 循环管道

工艺流程及检测方法叙述如下：

(1) 在同温同压下，对标准变压器油与待测变压器油进行等时间段乳化，使水分均匀地分布在变压器油中。

(2) 再将标准变压器油与待测变压器油冷冻到零摄氏度以下，这时水就变成了小固体颗粒均匀地分布在变压器油中，利用两对性能一致的超声收发换能器同时对标准与待测变压器油的超声传播时间采集，采集信号进入 CPLD 单元处理后得到微水的含量。

(3) 最后变压器油经过循环装置回流到变压器中继续运行使用。这样就完成了对变压器油中微水含量的在线测量。

6.3　系统主要组成部分

6.3.1　超声乳化

乳化电路主要由功率放大器、匹配网络以及超声换能器组成，其主要的作用就是对油水混合物进行乳化，使水均匀地分布在变压器油中，为以后的冷冻及检测部分打下基础。乳化电路的框图如图 6-5 所示。

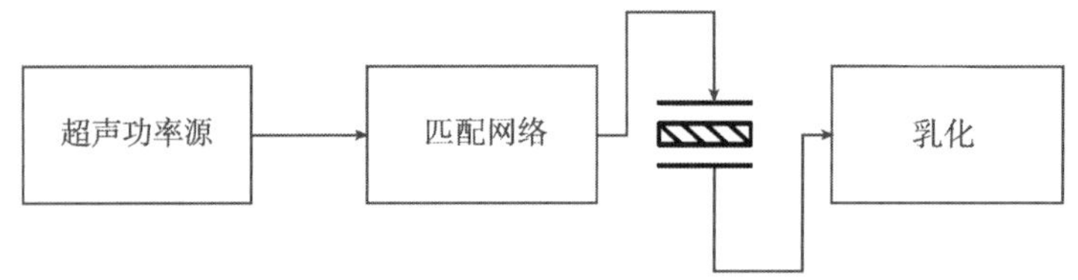

图 6-5　乳化部分框图

6.3.2　冷冻部分

在油中含水信息的测试中，由于超声波在液体中传播速率较小，不便于分别，而在固体中传播速率分别较大，所以采用冷却变压器油，使其中的微量水分转变为固体颗粒，这样就能够检测到超声波的传播时间差。冷冻部分主要由控制模块、温度检测模块、制冷器控制模块、显示模块、电源模块等组成。在这个系统中由智能芯片负责检测、比较设定温度、开始制冷(停止制冷)、显示实时温度等。冷冻电路的原理框图如图 6-6 所示。

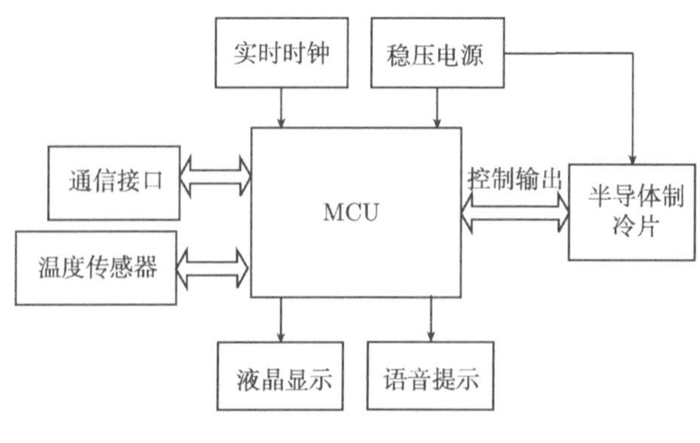

图 6-6　冷冻部分框图

6.3.3 伺服电路部分

对于变压器油的含水信息检测系统伺服系统设计，主要分两大部分设计，即为传动系统和流量控制系统。传动系统采用电机控速来实现，而流量控制系统则用 PID 来控制油的流量。下面对这两个部分简单介绍一下。

本系统电机控速系统是一个常见的传动系统，它主要是为系统提供可变速的传送。另外本系统还应用了一种 PWM 结合数字 PID 算法在液体流量变量控制系统中的应用方案，以比例电磁阀为控制对象，利用处理器的 PWM 功能，采用数字 PID 调节实现液体流速闭环控制。对比例电磁阀的输入电压进行调制，从而实现了对液体流量的变量控制。其系统原理框图如图 6-7 所示。

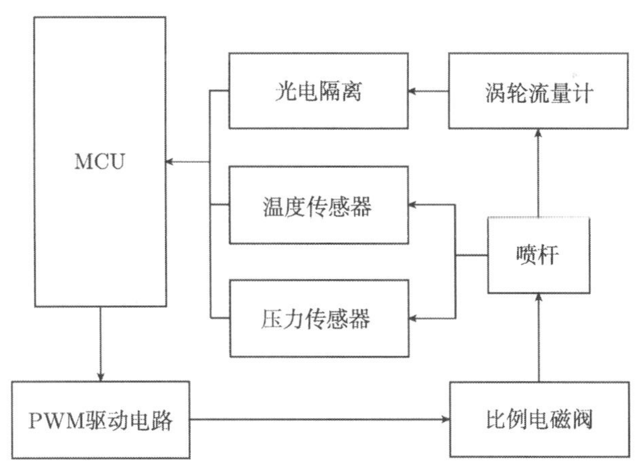

图 6-7 变压器油的流量控制系统的总体框图

6.3.4 CPLD 超声波检测部分

根据前面的总体设计框图，按照 CPLD 在系统中所实现的功能，CPLD 需要完成超声频率信号的发生、时间差的产生和测量以及通信模块等，CPLD 模块系统框图如图 6-8 所示。

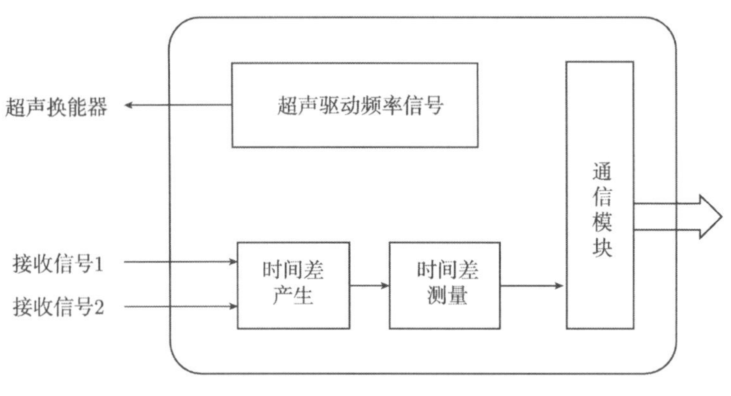

图 6-8 CPLD 模块系统框图

该模块功能实现的工作原理如下所述 (图 6-9)。

首先，方波发生器产生频率为 40kHz 的方波，由单片机产生一起始信号给状态机 (循环控制使 CPLD 内部各部分协调工作及完成与单片机结合的控制)，有限状态机产生清零信号，并置 START 为高电平，计数器开始计数。与此同时，打开两个缓冲门让 40kHz 的方波信号驱动发射两路超声波，然后，整形接收电路对接收换能器接收到的波形进行整形放大后，并输出整形后的两路波形到与门，经过相与后送给计数器控制电路，此低电平作为计数器控制电路的时钟信号。控制电路在时钟信号到达后，STOP 引脚输出一低电平关闭计数器和方波驱动的发送。单片机通过一条 SEL 线选择让 CPLD 送出 DATA 值。有限状态机等待单片机取走相位差值后，开始下一个循环。

根据基础实验测得的数据显示，含水量每增加百分之一，时间差是 2μs 左右，CPLD 系统晶振 12M，而微水含量一般为 1000×10^{-6}，$12\text{M}\times2\mu\text{s}/1000=24$，即产生 24 个脉冲，因此选用两个十进制计数器就能满足要求，范围为记录 1~100 个脉冲个数，但是，考虑到实验所用实验管长度比实际中的距离要短，还有实际中误差的存在，增加了两个十进制计数器，测量范围扩大到 10 000 个脉冲，这样，由其他不可知因素而带来的脉冲个数增加的因素就可以不用考虑了，这种方法对增加系统的稳定性有帮助。

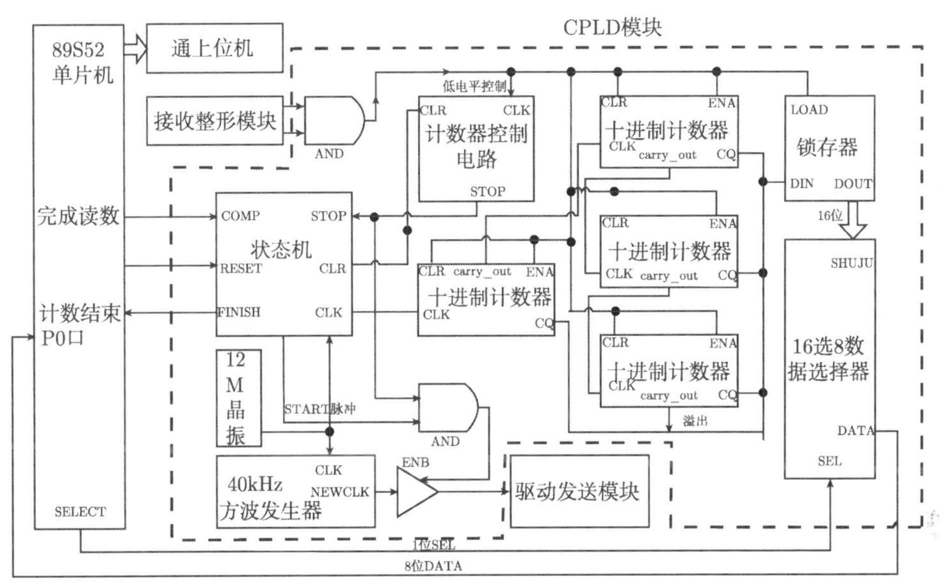

图 6-9　CPLD 整体工作原理图

6.4　本 章 小 结

本章重点对变压器油含水量超声检测方法的研究进行了阐述，首先对变压器油中微水检测的重要性进行了说明，然后对于将超声运用在变压器油中微水检测的方法进行了理论推导，并通过实验验证这一方案的可行性，最后对变压器油含水量检测的总体设计方案进行了论证，并对超声检测各个相关的技术进行了研究。

参 考 文 献

[1] Margolis S A, Hagwood C. The determination of water in crude oil and transformer oil reference materials[J]. Analytical and Bioanalytical Chemistry, 2003, 376(2): 260-269.

[2] Du Y, Zahn M, Lesieutm B C, et al. Moisture equilibrium in transformer paper-oil systems[J]. Electrical Insulation Magazine, IEEE, 1999, 15(1): 11-20.

[3] Hribernik W, Kubicek B, Pascoli G, et al. Verification of a model-based diagnosis system for on-line detection of the moisture content of power transformer insulations using finite element calculations[C]. Condition Monitoring and Diagnosis International Conference, 2008: 475-478.

[4] Fu Q, Li Z, Lin Y P. Research of On-line Monitoring of Moisture Content in Transformer Oil[C]. Power and Energy Engineering Conference (APPEEC), 2010: 1-4.

[5] Foo J S, Ghosh P S. Artificial neural network modeling of partial discharge parameters for transformer oil diagnosis[J]. Electrical Insulation and Dielectric Phenomena, 2002, 12(10): 470-473.

[6] 郭长泰, 王英华, 吴文强, 等. 变压器油箱油中水分在线检测装置: 中国, CN2570789[P], 2003-09-03.

[7] Gubarev A K, Vinshtejn I I, Kurilov J U. A Method and Device for Measuring Content of Water in Water-Oil-Gas Mixture: Russia, RU2249204 [P]. 2005-03-27.

[8] 林书玉. 功率超声技术的研究现状及其最新进展 [J]. 陕西师范大学学报 (自然科学版), 2001, (1): 101-106.

[9] 路龙惠. 基于 CPLD 技术的变压器油中微水的超声检测研究 [D]. 南京: 河海大学, 2008.

[10] 卞芒犀. 基于超声的变压器油水量检测优化及智能检测 [D]. 南京: 河海大学, 2010.